泥鳅黄鳝无公害安全生产技术

邴旭文　主编　　丁炜东　曹哲明　副主编

化学工业出版社

·北京·

本书严格依据国家和地方颁布的农产品标准化生产管理办法，以及各标准化生产基地的实际生产模式，详细介绍了泥鳅、黄鳝的无公害标准化生产技术。本书共分7章，分别介绍了泥鳅、黄鳝的生物学特性及品种选择；泥鳅、黄鳝无公害标准化生产的环境卫生管理；无公害饲料的选择及要求；泥鳅、黄鳝的科学饲养管理；泥鳅、黄鳝疾病防控及安全用药；泥鳅、黄鳝的科学加工储藏技术及重金属含量检测与标准。本书内容实用，可操作性强，适合从事泥鳅、黄鳝标准化生产的养殖基地、养殖户、技术人员及管理人员阅读。

图书在版编目（CIP）数据

泥鳅黄鳝无公害安全生产技术/邴旭文主编．—北京：化学工业出版社，2018.7
（无公害水产品安全生产技术丛书）
ISBN 978-7-122-32181-7

Ⅰ．①泥…　Ⅱ．①邴…　Ⅲ．①泥鳅-淡水养殖②黄鳝属-淡水养殖　Ⅳ．①S966.4

中国版本图书馆CIP数据核字（2018）第106028号

责任编辑：漆艳萍　　文字编辑：焦欣渝
责任校对：边　涛　　装帧设计：韩　飞

出版发行：化学工业出版社（北京市东城区青年湖南街13号　邮政编码100011）
印　　刷：北京京华铭诚工贸有限公司
装　　订：北京瑞隆泰达装订有限公司
850mm×1168mm　1/32　印张 $7\frac{3}{4}$　字数201千字
2018年9月北京第1版第1次印刷

购书咨询：010-64518888（传真：010-64519686）
售后服务：010-64518899
网　　址：http://www.cip.com.cn
凡购买本书，如有缺损质量问题，本社销售中心负责调换。

定　　价：38.00元

编写人员名单

主　　编　郗旭文

副 主 编　丁炜东　曹哲明

编写人员　郗旭文　丁炜东　曹哲明　胡庚东

泥鳅、黄鳝属小型淡水经济鱼类，其肉质细嫩、味道鲜美、营养丰富，而且由于泥鳅、黄鳝体内富含DHA、EPA和其他药用成分，因而在深加工和保健品开发上具有极大的发展潜力，是深受国内外消费者喜爱的美味佳肴和滋补保健食品。据调查，目前国内市场年需求量近600万吨，日本、韩国每年需进口100万吨，美国等国家的需求也呈增长趋势。近年来，由于人为过度捕捞、农药毒害和环境污染，天然野生泥鳅、黄鳝资源减少，市场供不应求。因此，发展黄鳝、泥鳅养殖的市场前景广阔。

近年来，关于泥鳅、黄鳝的人工繁殖、标准化养殖、饲料营养及病害防治等方面的研究有了很大的进展，例如苗种生产的规模化，人工养殖的集约化，并倡导健康养殖和生态养殖，这些对泥鳅、黄鳝产业的可持续发展起到了促进作用。而且，泥鳅、黄鳝的养殖具有占地面积少、管理方便、成本低、经济效益显著等优点，正日益受到养殖者的青睐。

我国加入WTO以后，对水产品养殖及加工等方面提出了更高的要求，水产品正向无公害标准化及绿色健康方向发展。水产品质量安全管理工作是一项社会公益性事业，关系到广大人民群众的生命健康。因此树立无公害水产品标准化生产意识，加强和完善水产品标准化体系建设，努力实现渔业标准化生产，不仅是发展无公害水产品的必然选择，也是我国水产品在新的发展阶段取得新突破的重要举措。为此，我们严格依据国家和地方颁布的农产品标准化生产管理办法，及各标准化生产基地的实际生产模式，编写了本书。

本书借鉴了国内外泥鳅、黄鳝养殖的先进经验，介绍了无公害标准化养殖的要求，着重叙述了标准化养殖的关键技术，基本涵盖了标准化生产的各个环节，供读者在养殖实践中参考与借鉴。

本书在编写过程中得到了胡海彦、赵永锋等的帮助，在此一并表示感谢。

由于泥鳅、黄鳝的无公害养殖才刚刚兴起，一些技术还有待于进一步提高和完善，再加之笔者水平有限，书中难免有疏漏之处，望读者不吝赐教。

编　者

目录

CONTENTS

泥鳅黄鳝
无公害安全生产技术

第一章 泥鳅、黄鳝的生物学特性及品种选择

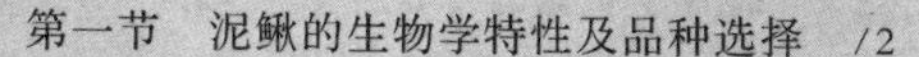

第二章 泥鳅、黄鳝无公害标准化生产的环境卫生管理

第六章　泥鳅、黄鳝的科学加工储藏技术

第七章　重金属含量检测与标准

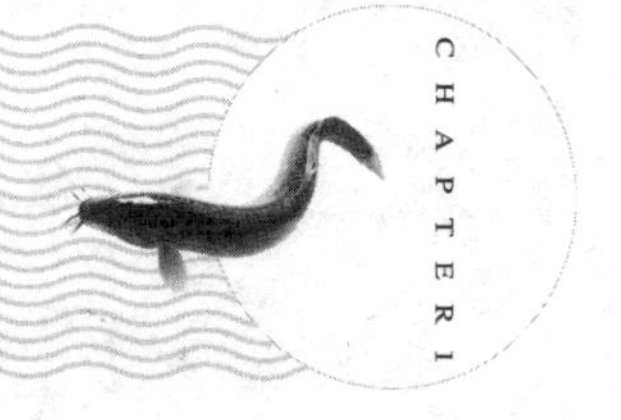

第一章

泥鳅、黄鳝的生物学特性及品种选择

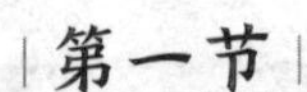

第一节 泥鳅的生物学特性及品种选择

一、泥鳅的品种及其形态特征

泥鳅为鲤形目、鳅科、花鳅亚科、泥鳅属的鱼类。鲤形目鳅科的鱼类相当多，仅我国就有100余种，它们的生活习性和生长速度相近却又各不相同。通常养殖的泥鳅种类有真泥鳅、大鳞副泥鳅、中华花鳅、花斑副沙鳅、大斑花鳅、北方条鳅等，在养殖选种时，应注意区别。

在养殖的鳅科鱼类中，常见的是真泥鳅、大鳞副泥鳅，尽管在自然水域中两者的生长特性基本一致，但在人工养殖条件下，真泥鳅的生长速度、成活率及抗病力等方面要稍优于大鳞副泥鳅。而中华花鳅、花斑副沙鳅、大斑花鳅、北方条鳅等比较适合在流动的江、河中养殖，由于这些鳅科鱼类味道鲜美，虽然产量较低，但售价要高一些，所以养殖效益也较好，比较具有开发潜力。

现将几种常见的鳅科鱼类介绍如下。

1. 真泥鳅（*Misgurnus anguillicaudatus* Cantor）

真泥鳅一般称为泥鳅（图1-1），是最常见的个体较大的泥鳅。一般成熟体长10～15厘米，最大个体长可达30厘米左右。

真泥鳅在我国分布很广，除青藏高原外，北至辽河、南至澜沧江的我国东部地区的河川、湖泊、沟渠、稻田、池塘、水库等各种淡水水域均有分布，尤其是长江流域和珠江流域中下游，分布最广，产量最大。在国外，真泥鳅主要分布于日本、朝鲜、韩国、越南等国家。

真泥鳅体小而细长，前部略呈圆筒形，后部侧扁，腹部圆。头较尖，近锥形，吻部向前突出，倾斜角度大，吻长小于眼后头长；

图 1-1 真泥鳅

口小，下位，马蹄形，口裂深弧形。唇软，有细皱纹和小突起，上、下唇在口角处相连，唇后沟中断；上唇有 2～3 行乳头状凸起，下唇面也有乳头状凸起，但不成行；上颌正常，下颌匙状。口须（触须）5 对，其中 2 对吻须，1 对口角须，2 对颌须。口角须长短不一，最长者可伸至或略超过眼后缘，短者仅达前鳃盖骨。泥鳅口须和唇上味蕾丰富，感觉灵敏，可很好地协助泥鳅觅食。头部有 1 对眼，眼前方有 1 对鼻孔。眼小，侧上位，并覆有雾状皮膜，因而视力弱，只能看见前上方的物体，对躲避敌害有利。头侧有 1 对鳃孔，内有鳃，鳃孔小，鳃裂至胸鳍基部，鳃完全但鳃耙不发达，呈细粒状。泥鳅的耳从外表上是看不到的。

鳃孔至肛门是躯干部，有细小的圆鳞，埋于皮下，黏液较多，因而体滑。侧线完全但不明显，侧线鳞 141～150 片。躯干部长有胸鳍、背鳍和腹鳍。胸鳍不大且雌雄异形，位于鳃孔后下方；背鳍末根不分支，鳍条软，背鳍起点距吻端较距尾鳍基远，背吻距为背尾距的 1.3～1.5 倍。腹鳍不大，位于体中后部，与背鳍相对，但起点稍后于背鳍起点；臀鳍末根不分支，鳍条软，末端到达尾鳍退化鳍条。尾鳍后缘圆弧形，在尾柄上下有尾鳍退化鳍条延伸向前的鳍褶，上方的鳍褶达到臀鳍之上方，下方的鳍褶约达到臀鳍末端处。肛门约在腹鳍末端与臀鳍起点之间的中点。各鳍鳍式为：背鳍3，6～8；臀鳍3，5～6；胸鳍1，9～10；腹鳍1，5～6。

鳃耙外行退化，内行短小。鳔前室哑铃形，包于骨质鳔囊中，后室退化。骨质鳔囊由第四椎体横突、肋骨和悬器构成，第二椎体的背支和腹支紧贴于骨囊的前缘，不参与骨质鳔囊的形成。无明显的胃，肠管直，无弯曲，自咽喉后方直通至肛门。腹膜灰白色。

体浅黄色或灰白色，背部、侧部褐色，散布有不规则的褐色斑点，背鳍、尾鳍和臀鳍多褐色斑点，尾鳍基部偏上方有1显著的深褐色斑。因栖息环境不同，体色变异较大。

体长为体高的6.1～7.9倍，为头长的5.4～6.7倍。头长为吻长的2.4～3.1倍，为眼径的4.6～7.0倍，为眼间距的4.4～5.5倍。尾柄长为尾柄高的1.2～1.4倍。

2. 大鳞副泥鳅（*Paramisgumus dabryanus* Sauvage）

大鳞副泥鳅体形酷似泥鳅（图1-2），一般成熟体长10～15厘米，最大个体长可达28厘米左右。主要分布于长江中下游及其附属水体中，数量较少。

图1-2 大鳞副泥鳅

体延长，前部近圆筒形，后部侧扁，腹部圆。头小，近圆锥形。吻长，稍尖，吻褶不发达，游离。口小，亚下位，马蹄形。唇发达，下唇分2叶，游离。眼小，侧上位，被皮膜覆盖，眼缘不游离。眼间隔宽，稍隆起，无眼下刺。前后鼻孔紧邻，位于眼前方，前鼻孔短管状，后鼻孔圆形。口须5对，吻须2对；口角须1对，细长，后伸超过前鳃盖骨后缘；颌须2对，较短小。鳃孔小，侧位。鳃盖膜与颊部相连。

体被圆鳞，鳞片较泥鳅体鳞为大，埋于皮下。头部无鳞。侧线不完全，止于胸鳍的上方。侧线鳞 108～113。背鳍小，无硬刺，其起点距吻端大于距尾鳍基部；胸鳍距腹鳍甚远；腹鳍短小，起点在背鳍第二至第三分支鳍条的下方。尾鳍圆形。肛门较接近臀鳍起点，位于腹鳍基部至臀鳍起点之间的约 3/4 处。尾柄上下方具发达的皮褶，皮褶与背鳍、尾鳍和臀鳍相连。各鳍鳍式为：背鳍 3，6～7；臀鳍 3，5～6；胸鳍 1，10～11；腹鳍 1，5～6。

鳃耙外行退化，内行短小。鳔的前室哑铃形，包于骨质鳔囊中，后室退化。骨质鳔囊参与构成的骨骼与真泥鳅同。食管后方为"U"字形的胃，肠自胃的一端发生，直通肛门，体长约为肠长的 2 倍。腹膜灰白色。

背部及体侧上半部灰黑色，体侧下半部及腹面灰白色，体侧密布暗色小点，并排列成线纹。背鳍、尾鳍具暗色小点。其余各鳍灰白色。

体长为体高的 4.9～5.1 倍，为头长的 5.1～5.7 倍，为尾柄长的 6.1～6.7 倍，为尾柄高的 5.1～5.7 倍。头长为吻长的 2.3～2.5 倍，为眼径的 5.3～5.7 倍，为眼间距的 3.2～3.8 倍。尾柄长为尾柄高的 0.8 倍。

大鳞副泥鳅与真泥鳅形态结构较相似，主要区别见表 1-1。

表 1-1 大鳞副泥鳅与真泥鳅的比较

品种	侧线鳞	口角须	尾柄上下方皮褶
大鳞副泥鳅	少于 120	较长，后伸超过前鳃盖骨后缘	发达，与背鳍、尾鳍和臀鳍相连
真泥鳅	多于 130	较短，后伸仅达眼后缘	相对不发达，不达背鳍、臀鳍

3. 中华花鳅（*Cobitis sinensis* Sauvage et Dabry）

中华花鳅体长雄鱼一般为 6～8 厘米，雌鱼 9～13 厘米（图 1-3）。主要分布于黄河以南至红河以北地区各水系，海南和台湾均有分布。

体形似泥鳅，稍延长，侧扁，腹部平直。头侧扁，吻钝。口下

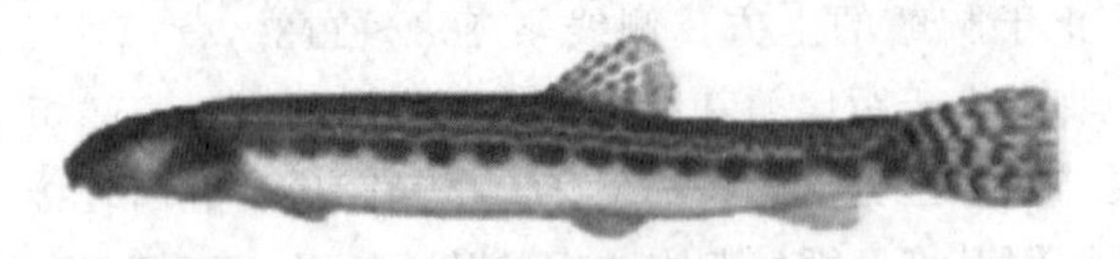

图 1-3　中华花鳅

位，上下唇在口角处相连接，唇后沟中断。须 4 对，分别为吻须 2 对，颌须 2 对，都很短，最长的颌须末端后伸仅达眼前缘的下方。前后鼻孔紧靠在一起。眼很小，侧上位。眼下刺分叉，较短。鳃盖膜连于峡部。

体被小鳞，头部裸出。侧线不完全，仅伸至胸鳍上方。背鳍最后不分支，鳍条软，背鳍起点位于吻端和尾鳍基部之间的中点。臀鳍起点约位于腹鳍起点至尾鳍起点连线的中点，末端不达尾鳍基部。胸鳍短小，侧下位。腹鳍腹位，起点在背鳍起点后下方，约与背鳍的第二或第三根分支鳍条相对，末端远离肛门。尾鳍后缘圆弧形。肛门在腹鳍末端的臀鳍起点之间明显接近后者，离开腹鳍的距离约等于腹鳍之长。各鳍鳍式为：背鳍 3，7；臀鳍 3，5；胸鳍 1，8～9；腹鳍 1，6～7。

鳃耙短小。鳔的前室呈哑铃形，包于骨质鳔囊中，后室退化，骨质鳔囊由第四椎骨横突、肋骨和悬器构成，第二椎骨的背支和腹支紧贴于骨囊之前，不参与骨质鳔囊的形成。肠道前部稍膨大，向后至腹鳍附近稍弯折后直通肛门。

体浅黄色，背侧部稍暗，通常是亮黄色基色与褐色斑纹组合成特殊体色，但斑纹变异较大。头部自吻端经眼至头顶有 1 条黑斜纹，左右斜纹在头顶相接。背部有 1 列棱形深褐色斑或横斑，在背鳍前有 5～8 个斑，背鳍基部 2～3 个斑，背鳍之后有 6～10 个斑。体侧沿中轴有 11～15 个较大的深褐色斑。尾鳍基部上侧有 1 醒目的黑斑，除背侧和中轴的斑块外，身体上侧部还有很多虫形斑或小斑点。背鳍和尾鳍有很多斑点，常排成 2 列（背鳍）和 3～4 列（尾鳍），其他鳍无斑点。

体长为体高的 5.5～6.4 倍，为头长的 5.2～5.3 倍。头长为吻长的 2.0～2.2 倍，为眼径的 5.4～8.5 倍，为眼间距的 5.3～6.0 倍。

4. 花斑副沙鳅（*Parabotia fasciata* Dabry）

花斑副沙鳅体长通常为 7～15 厘米，最大个体长 22 厘米（图 1-4）。我国黑龙江至珠江的各河系均有分布，数量极少。

图 1-4 花斑副沙鳅

体稍延长，侧扁，背部在背鳍之前稍隆起，腹部平直。头部侧扁，吻部尖，吻长与眼后头长几乎相等。口下位，口裂深弧形。上、下唇在口角处相连，下唇在中部分开，唇后沟中断。上颌中部有一关节凸起，下颌匙状。须 3 对，2 对吻须，聚生于吻端，外吻须长于内吻须，后伸达前鼻孔之下；1 对颌须，后伸达眼前缘或眼中央之下方。前、后鼻孔紧靠在一起。眼小，侧上位。眼下刺分叉。鳃盖膜连于峡部。

体和头的峡部被小鳞，鳞隐于皮下。侧线完全，平直，位于体侧中部。背鳍末根不分支鳍条软，其长约为头长之半，背鳍起点接近体长之中点。臀鳍无硬刺，后伸达尾鳍基部。胸鳍小，下侧位。腹鳍腹位，起点与背鳍的第一根分支鳍条相对，末端不达肛门。尾鳍后缘深分叉，上、下叶等长，叶端尖。肛门约位于腹鳍末端和臀鳍起点之间的中点。各鳍鳍式为：背鳍 3，9；臀鳍 3，5；胸鳍 1，11～13；腹鳍 1，6～7；尾鳍分支鳍条 17～19 根。

第一鳃弓外侧鳃耙退化，内行鳃耙短小。鳔 2 室，前室近圆球形，部分包于骨质鳔囊中；后室长卵圆形，游离于腹腔中，末端约达到相当于胸鳍末端至背鳍基部起点的中点。骨质鳔囊由第二锥体横突的腹支向后伸展与第四锥体横突、肋骨和悬器参与构成。胃

“U”形。肠较短，自胃发出后直通肛门。腹膜灰白色。

体浅黄色，背、侧部稍暗。头后方有褐色横斑条，从背部向下延伸至侧线下方，斑条宽度常窄于斑条间的间距，在背鳍之前有4～6条，背鳍下3条，背鳍后5～6条。尾鳍基部中央有一显著的黑色斑点。背鳍和尾鳍有褐色斑点列。

体长为体高的5.3～6.3倍，为头长的3.9～4.1倍。头长为吻长的2.1～2.5倍，为眼径的5.2～8.0倍，为眼间距的4.6～5.0倍。尾柄长为尾柄高的1.0～1.4倍。

5. 大斑花鳅（*Cobitis macrostigma* Dabry）

大斑花鳅体长通常为5～13厘米，主要分布于长江中下游及其附属水体中。体长，侧扁。头侧扁锥状。吻短，微下钩。口小，亚下位，唇厚，上颌及上唇可将下唇盖住。吻须4对，上颌1对，下颌口角处2对，下唇处1对，极短。下唇中部略短，极显厚实。眼小，侧上位且偏高，有较明显的眼下刺，刺基部为双叉状，刺尖须纵向倒向体后，长刺贴体而隐，短刺显露并可触及到。鼻2对，前鼻有半透明短管状皮突。鳃孔窄小，偏下。

侧线不完全。鳞细小，头部无鳞。胸鳍侧下位，蝇翅状，较小。背鳍位于正中，起点距吻端较距尾鳍基为近。腹鳍侧下位，略大于胸鳍。臀鳍圆铲形。尾柄较长，尾鳍后缘平截或稍圆。泄殖孔靠近臀。

通身呈褐黄色，体侧沿纵轴有6～9个较大的略呈方形的斑块。紧靠大斑块，两侧各有1行或多行排列规则的褐黑色小斑，尾鳍鳍基上侧具一明显的亮黑斑。各鳍为透明淡黄色。

6. 北方条鳅（*Nemacheilus barbatulustoni*）

北方条鳅体长一般5～12厘米（图1-5）。主要分布于黄河以北的水系中，尤以黑龙江、吉林等地较多。

体长，侧扁或圆柱形。头侧扁或平扁，体被细鳞或部分被鳞，有的全身裸露无鳞。眼较小，侧上位。侧筛骨无变形的眼下刺。口下位，口裂弧形。须3对，其中吻须2对，分生，呈1行排列。口

图 1-5 北方条鳅

角须 1 对。

鳔前室包于骨质囊内，此囊是由第二椎骨横突的背、腹支和第四椎骨的腹肋和悬器共同组成的；游离的鳔后室退化或存在。侧线完全，位于两侧正中。尾鳍圆形、截形、浅凹或叉状；峡鳃很宽；鳃孔狭小；臀鳍分支鳍条为 5 根，少数为 6 根。各鳍鳍式为：背鳍 2，7；臀鳍 2，5；胸鳍 1，9；腹鳍 1，6。

背部棕灰色且带暗色斑，腹部色浅。背鳍、尾鳍和胸鳍上有若干纵列暗斑。腹鳍和臀鳍上也有这种斑，或无或者不明显。

体长为体高的 5.9～10.3 倍，为头长的 4.1～4.9 倍，为尾柄长的 5.1～5.6 倍。头长为吻长的 1.9～2.4 倍，为眼径的 5.3～6.3 倍，为眼间距的 3.6～4.8 倍。尾柄长为尾柄高的 1.9～2.3 倍。

二、泥鳅的生物学特性

1. 生活习性

泥鳅为底栖鱼类，喜栖息于泥沙底的浅水中，白天常钻入泥土中，夜出活动觅食。泥鳅除用鳃呼吸外，肠和皮肤也有呼吸作用，当水中缺氧时，游到水面吞入空气在肠内进行气体交换，然后从肛门排出废气，因而它对恶劣环境的适应力很强。当水中溶解氧含量下降到 0.16 毫克/升时也安然无恙。如果水干涸则钻入淤泥中，靠湿润的环境进行肠道呼吸，可长期维持生命。因此，泥鳅可高密度饲养，并易于运输。

泥鳅喜在中性和微酸性的黏性土壤中，生长适温范围为 15～

30℃，最适25～27℃，此时生长最快。当水温下降到15℃以下或上升到30℃以上，食欲减退，生长缓慢。当水温下降到6℃以下或上升到34℃以上，泥鳅钻入泥中，呈不食不动的休眠状态。

2. 食性

泥鳅属杂食性鱼类。在幼苗阶段，体长5厘米以内，主要摄食动物性饲料，如浮游动物的轮虫、枝角类、桡足类和原生动物。体长5～8厘米时，由摄食动物性饲料转变为杂食性饲料，主要摄食甲壳类、摇蚊幼虫、水蚯蚓、水生和陆生昆虫及其幼体、蚬子、幼螺、蚯蚓等底栖无脊椎动物，同时摄食丝状藻、硅藻、水生和陆生植物的碎片及种子。泥鳅的摄食量与水温有关，水温15～30℃为适温范围，25～27℃为最适范围，此时摄食量最大，生长最快。水温下降到15℃以下或上升到30℃以上，食欲减退，生长缓慢。水温下降到6℃以下或上升到34℃以上，泥鳅进入不食不动的休眠状态。泥鳅多在晚上摄食，在人工养殖时，经过训练也可改为白天摄食。

通过研究不同生态环境条件下泥鳅的食物组成可知，泥鳅是偏动物食性的杂食性鱼类，主要食物有昆虫幼虫、小型甲壳动物、藻类、高等植物，环境中食物的易得性及喜好性是影响泥鳅食物组成的重要原因。而且，泥鳅摄食水生昆虫时并不是主动向目标移动的，而是当昆虫游至泥鳅触须感知的范围内激起水花，泥鳅感知后，才突然前冲，将昆虫吞入口中。因此泥鳅的摄食方式是半主动方式。另外，泥鳅的食物组成表明，其对环境的适应能力较强，在动物性饵料缺乏的情况下，可以摄食植物性饵料，在动植物饵料均缺乏的情况下，也可以摄食有机碎屑和活性淤泥来维持其能量供应。因此，泥鳅不仅能适应水质恶劣的环境，而且可以摄食多种饵料以维持其生长。

3. 年龄与生长

泥鳅的生长速度和饵料、养殖密度、水温、性别等息息相关。在人工养殖中个体差异也较大。

在自然环境中，泥鳅生长较慢。刚孵出的泥鳅苗，一般体长3～4毫米，1个月后长到2～3厘米，6个月达5～7厘米，体重2～3克。孵化10个月后，体长达9～10厘米，体重6～7克。此后，雌雄泥鳅生长便产生明显差异，雌鳅生长比雄鳅快。雌鳅最大个体可达20厘米，重100克左右；雄鳅最大17厘米，重50克。

在人工养殖条件下，刚孵出的泥鳅苗经15天即可长至3厘米以上，当年可长至10～12厘米，即每千克80～100尾的商品鳅。第二年虽生长趋缓，但其肥满度却可以增加。

4. 繁殖特性

泥鳅是多次性产卵鱼类，一般1冬龄可达性成熟，雌鳅最小成熟个体为8厘米左右，雄鳅为6厘米以上，雌、雄泥鳅在形态上的主要区别可见表1-2、图1-6、图1-7。泥鳅的繁殖季节因地区不同而不同，一般是4～8月，而以5～6月为产卵盛期。泥鳅的繁殖水温为18～30℃，最适水温为22～28℃。

表1-2 雌雄泥鳅的鉴别

部位	出现时期	雌(♀)	雄(♂)
个体	成鳅期	较大	较小
胸鳍	成鳅期	短而圆，第二鳍条基部无骨质薄片	长而前端尖，第二鳍条基部有一骨质薄片
腹部	生殖期	明显膨大	不明显膨大
背鳍下方体侧	生殖期	没有小肉瘤	有小肉瘤
腹鳍上方体侧	产卵之后	有白色圆斑	无白色圆斑

泥鳅的怀卵量因个体大小不同而有差异（表1-3）。卵为圆形，直径1毫米左右，黏性较差，虽能在附着物上黏着，但很容易脱落。

表1-3 泥鳅不同体长的怀卵量

体长/厘米	8	10	12	15	20
卵粒/粒	2000	7000～10000	12000～14000	15000～20000	25000

泥鳅在水温18～20℃时，多在晴天早晨产卵；水温在25℃以

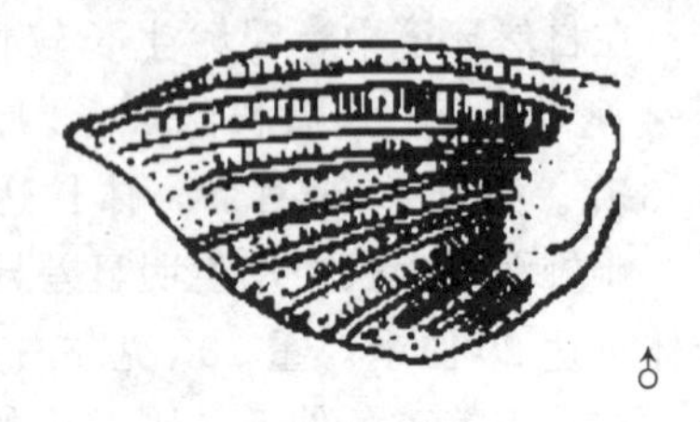

图 1-6　雌（♀）、雄（♂）泥鳅的胸鳍

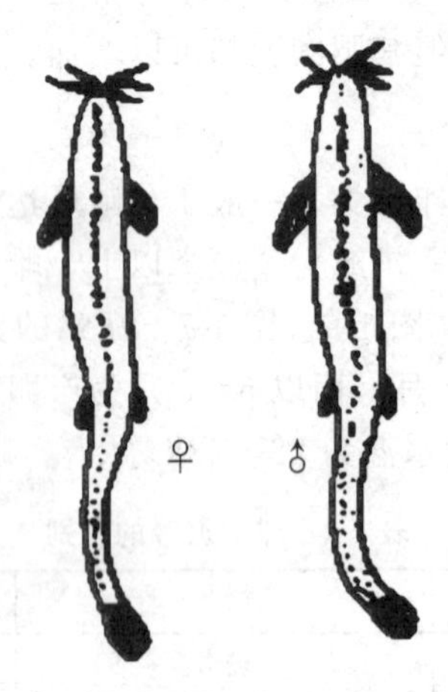

图 1-7　雌（♀）、雄（♂）泥鳅的外形

上，常在雨后或水温较低的时候产卵。它的产卵方式很特殊，产卵时数尾雄鳅追逐纠缠一尾雌鳅，并不断用嘴吸吻雌鳅的头部和胸部，时而游出水面，不久一尾雄鳅将身体蜷曲于雌鳅肛门稍前的腹部，以刺激雌鳅产卵，同时排出精子，完成体外受精。数分钟之内雌鳅可连续产卵数次。受精卵黏附在水草或其他附着物上。在水温20℃时，2～3 天就可孵出幼苗。

三、泥鳅品种介绍

1. 台湾龙鳅

TW-6 台湾龙鳅是由品种选育、人工繁育、人工养殖第一人——林森庄先生耗四十余年心血，将我国台湾省、大陆地区及泰国、缅甸、柬埔寨、越南、老挝等地的泥鳅品种进行种间杂交、选育而成，是全球水产界唯一公认的人工选育品种。该品种最明显的特征是个大，生长速度快。2012 年被湖北蓝海春公司引进，由该公司技术总负责人樊启学教授实现其本土化，确保台湾龙鳅在不同的地域均可有很理想的表现，在生长速度、个体大小、免疫力、商品品质、成本控制等核心指标上均能与原种保持一致。

(1) 生活习性

① 不钻泥　不钻泥是台湾龙鳅的明显特性，冬天很好捕捞。

② 喜温性　台湾龙鳅的适温范围为 15～30℃，最适为 25～27℃。当水温下降到 10℃以下或上升到 34℃以上，台湾龙鳅食欲减退，生长缓慢。

③ 耐低氧　台湾龙鳅比一般的鱼类更耐低氧，龙鳅除了能够用鳃呼吸外，还能用皮肤和肠辅助呼吸。

(2) 食性　台湾龙鳅属杂食性鱼类，对食物的要求并不挑剔，水中的泥沙、腐殖质、有机碎屑等都可以成为它的食物。摄食的饵料生物种类有硅藻类、绿藻类、蓝藻类、裸藻类、黄藻类、原生动物类、枝角类、桡足类和轮虫等。台湾龙鳅处于寸片到二寸片阶段时（3～5 厘米），喜食腐殖质，其次是小型甲壳动物、昆虫等，胃肠食物团中，泥沙和腐殖质的重量比例高达 70%左右，生物饵料的重量只占 30%。而全长在 5～8 厘米的泥鳅喜食水中浮游动物、水蚯蚓等，偶尔也食藻类、有机碎屑和水草的嫩叶与芽。当泥鳅长到 8～10 厘米时，食性偏杂，主食大型浮游动物、碎屑、藻类和高等水生植物的根、茎、叶、种子，也食部分微生物。生活在不同水体的不同生态条件下的泥鳅，其食物有所不同，但通过食物组成可以认定龙鳅是偏动物食性的杂食性鱼类，主食昆虫幼虫、小型甲壳动物、藻类及高等植物。

(3) 品种优势

① 个体大　台湾龙鳅最大个体在 500 克以上，体长在 30 厘米以上。这一特点，简化了泥鳅作为食材的处理工艺，拓宽了泥鳅作为食品的加工价值。华中农业大学食品科技学院的熊善柏教授是国

内较早对泥鳅深加工技术进行研究的专家，在其设计的速冻环节，本土泥鳅因个体小而影响工艺效率。台湾龙鳅相对庞大的个体，弥补了这一缺憾。

② 生长速度快　从水花到商品规格（条重20克左右），本土泥鳅往往需要1年左右；在适合泥鳅生长的有效时间只有100余天的东北地区，需要2年左右。但对台湾龙鳅而言，这一过程只需要3个月。这就意味着，在全国所有地域，台湾龙鳅都可以实现当年投苗，当年上市。在长江流域及以南地区，龙鳅甚至可以养成两批上市。台湾龙鳅的这一特点，提升了养殖的经济效益。

③ 产量高　台湾龙鳅能很好地适应高密度养殖环境，且摄食旺盛，亩产量一般在2500千克以上。若养殖户的水处理技术、疾病控制技术、管理技术到位，饲喂得当，亩产量甚至可以突破5000千克。

④ 不钻泥　本土泥鳅在水温过高或过低、受惊扰等情况下，会钻泥。在市场价格特别理想的冬季，本土泥鳅的这一特性让许多养殖户头疼不已。辛辛苦苦地养了一年，在能卖出好价钱的时候却捞不上来，等到能捞上来的时候，好行情又过去了。台湾龙鳅不钻泥的特性，消除了养殖户的这层烦恼。

⑤ 雌雄大小相同　本土泥鳅中，同龄的雄性体重只有雌性的1/3左右，但台湾龙鳅几乎没有雌雄个体大小的差异。这一特点的意义在于，可以大幅提高单产，同时，商品规格整齐，卖相好。

⑥ 免疫力强　作为一个集诸多地方泥鳅优点于一身的人工培育品种，台湾龙鳅的免疫力明显优于本土泥鳅，甚至在苗种培育阶段，其成活率也高于本土泥鳅。

⑦ 饵料系数低　在高密度养殖环境下，台湾龙鳅的饵料系数可低至1.3，亦即1.3斤饲料即可养成1斤龙鳅。饲料的高转化率，使得饲料成本能最大程度地得到控制，也就意味着降低了养殖风险。

⑧ 商品品质卓越　台湾龙鳅的蛋白质含量可高达26%，高营养，高品质。

⑨ 品种纯正 TW-6台湾龙鳅是水产界唯一公认的人工选育品种。华中农业大学水产学院樊启学教授采用本土化技术，保留和优化了其原有的性状，并使其具备更理想的适应性。

2. 鄱阳湖一号

鄱阳湖一号泥鳅是由江西省东乡县恒佳水产养殖有限公司与江西省水产科学研究所等单位联合选育的一个泥鳅新品种，是大鳞副泥鳅与台湾泥鳅杂交子一代，于2015年7月通过了江西省科技厅组织的科技成果鉴定。

鄱阳湖一号泥鳅体长形，侧扁，体较高，腹部圆，体色青黄(青色为主)。此品种具有生长快、抗逆性强、不钻泥、综合养殖性能好的特点，是目前国内繁殖和养殖性能最好的泥鳅品种之一。生长速度和养殖产量优于目前土著泥鳅野生苗和人工繁育苗，养殖周期从15个月缩短为4～6个月，每亩产量从200千克左右提高到1500千克以上，已在江西、湖南、湖北、安徽、广东、辽宁等省推广养殖，规模示范效益显著。

池塘主养鄱阳湖一号泥鳅，当年5～6月放苗，一般亩放3厘米以上夏花苗7万尾，9月后即可陆续上市，每亩产量可达1500千克以上。养殖条件较好的池塘，可以一年放养两茬，养殖效益更佳。

3. 粤丰一号

粤丰1号杂交泥鳅是选用美国纯种野生泥鳅及台湾快大种泥鳅人工配对杂交生产出来的新一代优质泥鳅品种。该品种与传统养殖的泥鳅相比具有饲养更容易、适应气候能力更强、经济价值更高等特点。

(1) 个体大单产高 粤丰1号杂交泥鳅具有产量高、个体大(可养至200克/尾)、免疫能力强、繁育周期短的特点，这就大大降低了饲养成本，同时提高了产量。

(2) 适应气候能力强 粤丰1号杂交泥鳅最大的特点是克服了环境的限制，适应我国南北地区大面积的养殖，不受南北地区大环境的影响。

（3）饲养容易又方便　粤丰1号杂交泥鳅养殖方便，饲养更容易，只要把幼苗放到养殖池里，定期投放饲料即可。

（4）营养价值高　粤丰1号杂交泥鳅营养价值高，含有40多种氨基酸，对人体的胃肠代谢功能、免疫力提高都有显著的作用。

（5）提取物价值不菲　粤丰1号杂交泥鳅中含有一种纳米水溶蛋白，是现代制药和高档化妆品的生物活性原材料，具有很高的药用价值。

（6）经济效益大　适合我国南北地区推广养殖，其养殖效益是普通农业的好几倍。

第二节 黄鳝的生物学特性及品种选择

一、黄鳝的品种及其形态特征

1. 黄鳝的品种选择

黄鳝（*Monopterus albus*）俗称鳝鱼、长鱼、罗鳝、田鳗、无鳞公子等（图1-8），为温热带的淡水底栖生活鱼类，在分类学上属于鱼纲、辐鳍亚纲、合鳃目、合鳃科、黄鳝亚科。

发展黄鳝的人工养殖，首先要有好的鳝种。从目前各地养殖的鳝种来源来看，黄鳝至少有6个地方种群，而这些种群对养殖环境的适应能力、生长速度、养殖效果是不完全一样的。因而在发展黄鳝人工养殖、选购鳝种时要特别注意。现将几种常见的黄鳝地方种群的特征及养殖效果介绍如下。

（1）深黄大斑鳝　该鳝身体细长似蛇或鳗，体圆，体形标准，体表颜色深黄，背部和两侧分布有褐色大斑，大斑从体前端至体后端在背部和两侧连接成数条斑线。生产实践表明，深黄大斑鳝适应

图 1-8 黄鳝

环境的能力较强，生产速度较快，个体较大，鳝肉品质较佳，养殖效果较好。在养殖条件下，深黄大斑鳝的增重倍数可达 5～6 倍，是国家行业标准《无公害食品　黄鳝养殖技术规范》（NY/T 5169—2002）推荐养殖的鳝种。

（2）土红大斑鳝　体色土红，尤以两侧较明显。斑点细密不明显，几乎无斑线。其环境适应力较强，生长速度较快，个体较大，养殖效果也较好。在养殖条件下，增重倍数可达 4～5 倍，是国家行业标准《无公害食品　黄鳝养殖技术规范》（NY/T 5169—2002）推荐养殖的鳝种。

（3）浅黄细斑鳝　该鳝体形也较标准，体色浅黄，身上的褐黑色斑纹比较细密，生命活力较强。但其生长速度不如深黄大斑鳝。在养殖条件下，其增重倍数可达 3～4 倍。同时，该鳝在自然鳝群中为数量最多的一种，来源方便，故该鳝也是发展人工养殖、解决鳝种的重要来源。

（4）青灰色鳝　该鳝体细长，体色呈青灰色，身体上有细点状褐色斑点，但没有形成斑线。青灰色鳝适应环境的能力相对较弱，生长速度较慢，个体相对较小。在养殖条件下，该鳝增重倍数只有1～2倍，养殖效果不如前两种鳝好，因而青灰色鳝一般不宜选作人工养殖的鳝种。

此外，在黄鳝的自然种群中，还有浅白色鳝、浅黑色鳝。这两种鳝数量不多，生长不快，卖相不好，一般也不宜用来发展黄鳝养殖。

由于目前黄鳝种苗的大规模繁殖技术取得了一定的突破，但仍未进行大规模推广，因此养殖的鳝种来源除少部分具备自繁能力外，一般都是靠从市场上选购，或是靠养殖单位自己捕捉，而目前市场上的小黄鳝又是提供鳝种的重要来源。因而，要养好黄鳝，除了选购良种外，还要把好鳝种质量关。

2. 黄鳝的形态特征

体细长，体形似鳗鱼，前部近圆筒形，向后渐细，侧扁，尾细尖。头部膨大，头高大于体高。吻长，钝尖，长于眼径。口较大，端位，口裂伸达眼后下方，上颌稍突出，上、下唇颇发达，下唇尤其肥厚。上、下颌及口盖骨上都附有细齿，咽喉部具有细小呈绒毛状上咽齿和下咽齿。齿的排列不规则，大小也不一致。眼极小，外面有一层防止泥沙侵入的皮膜覆盖着，侧上位，眼间隔稍隆起，视觉差。两对鼻孔，前鼻孔位于吻端，后鼻孔位于眼前缘上方，鼻孔内有发达的嗅觉小褶，嗅觉极为灵敏。鳃3对，鳃孔较小，鳃孔相连为一横裂，位于喉部，鳃通常呈退化状，只有鳃耙的痕迹，不能在水中独立呼吸。但它的口腔、咽腔及肠腔内壁表面布满了血管，利用口咽腔及肠来呼吸空气。夜间，主要靠发达的嗅觉小褶来接收水中饲料生物释放出来的微弱的化学气味，以此来寻找食物。黄鳝喉部特别膨大，因它在浅水中，常竖直前半段身体将吻伸出水面呼吸，使空气长时期储存在口腔的喉部所引起。如果长时间不能将头部伸出水面进行呼吸，即便是水中溶解氧很丰富，也会窒息而死。

体润滑无鳞、无须。侧线发达，稍向内凹。背鳍与臀鳍仅为皮褶所代替，没有腹鳍，鳍无棘，背鳍、臀鳍与尾鳍连在一起，且较

小，仅留下不显眼的低皮褶。无鳔。心脏离头部较远，约在鳃裂后5厘米处。背侧呈黄褐色，具有黑色的不规则的斑点，腹部灰白色，并有淡色的条纹，或呈青灰色。肠较短，无盘曲，伸缩性大，肠中段有一结将肠分为前后两部分，肠的长度一般等于头后体长。

体长一般为30～40厘米，最大的个体长度可达70厘米以上，体重达1.5千克。体长为体高的18.7～27.7倍，为头长的10.8～13.7倍。头长为吻长的4.8～5.7倍，为眼径的10.8～12.6倍，为眼间距的6.2～7.1倍。

二、黄鳝的生物学特性

1. 生活习性

黄鳝为底栖生活鱼类，喜在静水水体的泥质底层钻洞或在堤岸的石隙中穴居，适应力强，昼伏夜出。喜栖于腐殖质多的水底淤泥中，在水质偏酸的环境中也能很好地生活。常钻入泥底或田堤、堤岩和水边乱石缝中孔隙内营穴居生活。其洞穴（洞长为鱼体全长的2.45～3.65倍）结构较复杂，分洞口、前洞、中洞和后洞四部分，有的黄鳝洞穴有3个甚至多个洞口。鳃不发达，借口腔及喉腔的内壁表皮作为呼吸的辅助器官，能直接呼吸空气，故离水后不易死亡。

黄鳝属变温动物，其体温会随环境温度的变化而变化。适宜生存水温为1～32℃，适宜生长水温为15～30℃，最适生长水温为21～28℃。水温低于15℃时，黄鳝吃食量明显下降，10℃以下时，则停止摄食，随温度的降低而进入冬眠状态。当水温超过30℃以上时，黄鳝反应迟钝，摄食停止，长时间高温或低温甚至可引发黄鳝死亡。黄鳝具有自行选择适温区的习性，当所栖息的环境水温不适时，黄鳝会自动寻找适宜的区域。

2. 食性

黄鳝是一种以动物性饵料为主的鱼类。在野生条件下，幼鳝主要摄食水蚯蚓和枝角类、桡足类等大型浮游生物，也摄食水生昆虫的幼虫（如摇蚊幼虫、蜻蜓幼虫等），有时也兼食有机碎屑、丝状藻类和浮游藻类。成鳝主要摄食小型鱼类、虾类、蝌蚪、幼蛙、小型螺和蚌。黄鳝也很爱吃陆生动物，夜间常游近岸边，甚至上岸觅食，捕食陆生蚯蚓、蚱蜢、金龟子、蟋蟀、飞蛾等，也吃人工投喂的河蚌肉、螺蚬肉、蚕蛹、熟猪血、畜禽下脚料、鱼肉浆等。其食物组成中也有不少浮游植物（黄藻、绿藻、裸藻、硅藻等）。黄鳝还有互相残杀的习性。

黄鳝性贪食，在夏季活动旺盛时，摄食量大，其日食量约占体重的1/7。黄鳝比较耐饥饿，长期不吃食也不会死亡，但体重明显减轻。其摄食方式为口噬食及吞食，多以噬食为主，食物不经咀嚼咽下，遇大型食物时先咬住，并以旋转身体的办法，将食物一一咬断，然后吞食，摄食动作迅速，摄食后即迅速缩回原洞中。

3. 年龄与生长

黄鳝的生长速度受品种、年龄、营养、健康和生态条件等多种因素影响，总体来说，野生黄鳝在自然条件下的生长是非常缓慢的。据测定，当年生的越冬幼鳝体长12.2～13.5厘米，体重6～7.5克；1冬龄鳝体长28.0～33.0厘米，体重11～17.5克；2冬龄鳝体长30.3～40.0厘米，体重20～49克；3冬龄鳝体长35.0～49.0厘米，体重58～101.0克；4冬龄鳝体长47.0～59.0厘米，体重83.0～248.0克；5冬龄鳝体长56.5～71.0厘米，体重199.0～304.0克；6冬龄鳝体长68.5～75.0厘米，体重245.0～400.0克；7冬龄鳝体长71.0～79.8厘米，体重392.0～752.0克。体重500克的野生黄鳝一般年龄在12年以上，且极为少见。国内有资料记载的最大的野生黄鳝为体重3千克左右。

黄鳝的生长期各地不同，一般南方的生长期较长，北方较短。如江苏、浙江一带生长期为5～10月，大约170天；湖南、湖北、广东、广西、四川生长期更长些。黄鳝6～8月生长最快。

人工养殖条件下，只要饵料充足、饵料质量好、饲养管理得当，黄鳝的生长速度就比天然条件下快得多。黄鳝一般1冬龄全长为27～44厘米，体重为19～96克；2冬龄全长为45～66厘米，

体重为74～270克。

4. 繁殖特性

(1) 繁殖季节及环境条件　黄鳝每年只繁殖1次，而且产卵周期较长。在长江中下游地区，一般每年5～8月是黄鳝的繁殖季节，繁殖盛期在6～7月，而且随气温的高低而变化，可以提前也可以推迟。繁殖季节到来之前，亲鳝先打洞，称为繁殖洞。繁殖洞与居住洞有区别：繁殖洞一般在田埂边，洞口通常开于田埂的隐蔽处，洞口下缘2/3浸于水中，繁殖洞分前洞和后洞，前洞产卵，后洞较细长，洞口进去约10厘米处比较宽广，洞的上下距离约5厘米，左右距离约10厘米。黄鳝在产卵之前会由雄鳝吐泡沫形成泡沫巢。

(2) 性比与配偶构成　根据长江下游解剖的黄鳝看，黄鳝生殖群体在整个生殖时期是雌性多于雄性。7月份之前雌鳝占多数，其中2月份雌鳝最多占91.3%，8月份雌鳝逐渐减少到38.3%，雌雄比例0.6∶1，因为8月份之后多数雌鳝产过卵后性腺逐渐逆转，9～12月雌雄鳝约各占50%。自然界中黄鳝的繁殖多数是属于子代与亲代的配对，也不排除与前两代雄鳝配对的可能性，但在没有雄黄鳝存在的情况下，同批黄鳝中就会有少部分雌鳝先逆转为雄鳝，再与同批雌鳝繁殖后代，这是黄鳝有别于其他鱼类的特殊之处。

(3) 黄鳝的性逆转现象　黄鳝具有独特的性逆转现象。在达到性成熟的黄鳝群体中，较小的个体是雌性，较大的个体主要是雄性，两者间的个体被称为雌雄间体，而雌雄间体的性腺组织实际上处于动态变化过程，在这个生理变化过程中，有功能的雌性转变为有功能的雄性。黄鳝的幼体性腺逐步从原始生殖母细胞到分化成卵母细胞，黄鳝从幼体阶段进入成体阶段，性腺发育成典型的具有卵母细胞和卵细胞的卵巢，以后又逐渐发展到变成成熟卵，这就决定第一次进入性腺发育成熟的个体都是雌鳝。雌鳝产卵后，可以明显地发现性腺中的卵巢部分开始退化，起源于细胞索中的精巢组织开始发生，并逐步分支和增大，即性腺向着雄性化方向发展，这一阶段的黄鳝即处于雌雄间体状态。这之后卵巢完全退化消失，而精巢组织充分发育，并产生发育良好的精原细胞，直到形成成熟的精子，这时黄鳝个体已转化为典型的雄性。

综合国内外学者对黄鳝性逆转的调查研究，可以概述如下：体长200毫米以下的成体黄鳝均为雌性；体长220毫米左右的成体开始性逆转；体长360～380毫米时，雌雄个体数几乎相等；体长380毫米以上时，雄性占多数；体长530毫米以上时，则全部是雄性。

（4）产卵与孵化　黄鳝的怀卵量少，绝对怀卵量一般为300～800粒，相对怀卵量6～10粒/克体重，个体绝对怀卵量随体长而增加，全长20厘米左右时，怀卵量200～400粒。黄鳝的怀卵量，最大个体为500～1000粒（表1-4）。

表1-4　不同体长、体重的黄鳝亲本的繁殖力

体长/厘米		体重/克		样本数	绝对繁殖力/粒		相对繁殖力/(粒/克)	
范围	平均	范围	平均		范围	平均	范围	平均
24.0～27.9	27.8	22.88	22.88	1	274	274	11.98	11.98
28.0～31.9	31.8	57.47	57.47	1	245	245	5.04	5.04
32.0～35.9	34.4	32.54～49.60	46.23	8	173～820	559	6.20～22.08	14.80
36.0～39.9	38.6	46.47～57.44	53.68	16	339～969	719	9.35～20.20	15.85
40.0～43.9	41.7	52.95～82.66	66.28	15	259～1513	965	4.47～29.22	17.87
44.0～47.9	45.4	65.22～117.59	90.66	14	346～2205	1116	6.08～24.71	14.71
48.0～51.9	49.1	103.54～128.13	117.31	3	1115～1507	1279	10.18～13.76	11.67
合计		22.88～128.13	69.9	58	173～2205	870	4.47～29.22	15.48

性成熟的雌鳝（图1-9）腹部膨大，体橘红色（个别呈灰黄色），并有一条红色横线。产卵前，雄性亲鳝吐泡沫筑巢（图1-10），然后将卵产于洞顶部掉下的草根上面，受精卵和泡沫一起漂浮在洞内。受精卵黄色或橘黄色，半透明，卵径（吸水后）一般为2～4毫米。雄亲鳝有护卵的习性，一般要守护到鳝苗的卵黄囊消失为止。这时即使雄鳝受到惊动也不会远离，而雌亲鳝一般产过卵后就离开繁殖洞。亲鳝吐泡沫做巢一般有两个作用：一是使受精卵不易被敌害发觉；二是使受精卵托浮于水面，而水面则一般溶解氧含量高、水温高（鳝卵孵化的适宜水温为21～28℃），这就

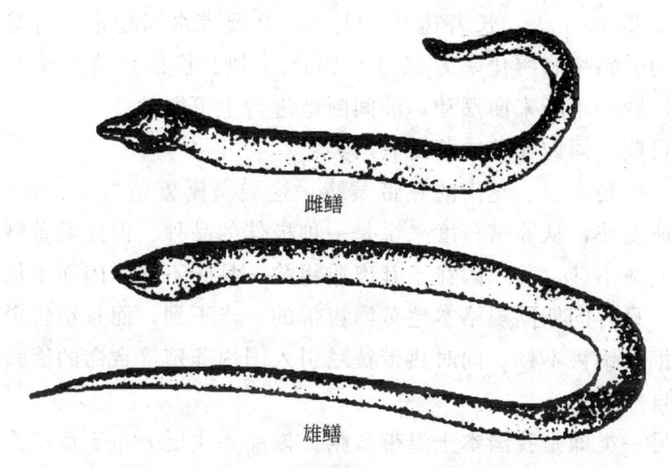

图 1-9 雌雄黄鳝外部形态

图 1-10 泡沫巢

有利于提高孵化率。

黄鳝卵从受精卵到孵出仔鳝一般在 30℃左右（28～31℃）水

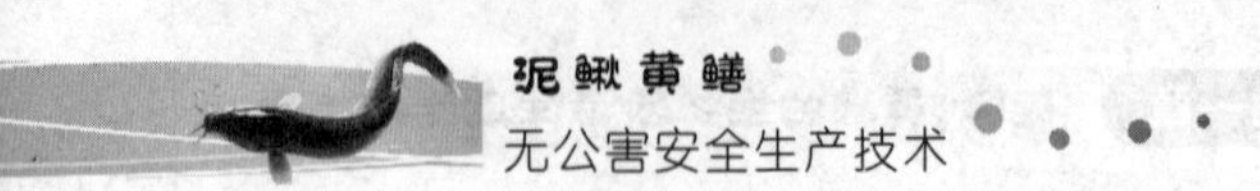

温中需要5～7天，长者达9～11天，并要求水温稳定，自然界中黄鳝的受精率和孵化率为95%～100%。刚出膜的鱼苗全长11～13毫米，胸鳍不断来回摆动，能间断地进行上下游动。

目前，国内养殖的黄鳝有两类：

一类是泰国、越南的热带黄鳝。这类黄鳝繁殖力强、食性杂、生长速度快，从养殖角度来说是一种极佳的品种。但此类黄鳝市场销售业绩不佳，其原因在于其肉质粗糙、品味不佳，因而市场价格很低，只有同期同规格本地黄鳝售价的一半不到，而且销售渠道狭窄，批量销售不畅。同时热带黄鳝引入国内养殖最致命的因素是其不能自然越冬。

另一类即是我国本土温带黄鳝。该品系主要分布于珠江流域以北、黄河流域以南，其中长江流域分布最多，自然栖息环境主要在田间、水沟和池塘等浅水带。

进行人工养殖的苗种，一方面可以直接从自然环境收集小规格野生鳝苗，另一方面也可以从黄鳝繁殖场购进该品系的繁殖鳝苗。从养殖效果看，人工繁殖苗种成活率及增重倍数高，并且可以直接摄食黄鳝专用全价饲料，缺点是价格较高。野生鳝苗优点是价格便宜，但成活率及增重倍数受随机因素影响较大，加之有些地区野生苗种已逐渐匮乏。因此，养殖户可根据自身情况进行选择。目前，绝大部分地区的黄鳝养殖户都选择野生鳝苗作为养殖的苗种来源，但野生黄鳝的捕捞操作是要求直接进入市场销售的，整个过程对鳝苗的影响是较为严重的，但一般养殖户对此问题都认识不足。因此，规范野生苗种的使用程序是极为必要的，但另一方面，即使是规范的操作程序，其中的某些环节在很多时候是无法控制的。所以，使用野生鳝苗必须慎重。

三、鳝种的来源与选择

1. 鳝种的来源

鳝种的来源与选择直接涉及投入及其风险，是养殖黄鳝首先要解决的问题。目前生产中鳝种主要有下列几种来源。

（1）直接从野外捕捉　每年6～7月可在稻田和浅水沟渠中用鳝笼捕捉，特别是闷热天或雷雨后，出来活动的黄鳝最多，晚间多于白天。一人一次可带多只鳝笼。晚间或雷雨后放入沟田，数小时后即可捕到黄鳝。用鳝笼捕捉黄鳝时，要注意两点：一是用蚯蚓作诱饵为佳，每只笼一晚上取鳝1～2次；二是捕鳝笼放入水时一定要将笼尾稍露出水面，以使黄鳝在笼中呼吸空气，否则会使黄鳝闷死或患上缺氧症。黎明时将鳝笼收回，将个体大的出售，小的作为鳝种。用这种方法捕到的鳝种，体健无伤，饲养成活率高。另一种方法是晚上点灯照明，沿田埂渠沟边巡视，发现出来觅食的黄鳝，用捕鳝夹捕捉或徒手捉。捕捉时，尽可能不损伤作鳝种的个体。捕到的鳝种应立即放养。

（2）市场采购　在市场上采购鳝种，要选择健壮无伤的黄鳝。应选购一直处于换水暂养状态的笼捕鳝种作饲养对象。凡是受农药污染的黄鳝和药捕的黄鳝不能养。药捕的黄鳝腹部多有小红点，时间越长红点越明显，活力也欠佳。一般可将黄鳝品种分为三种：第一种体色黄并杂有大斑点，这种鳝种生长快，即深黄大斑鳝；第二种体色浅黄，这种鳝种生长一般；第三种体色灰，斑点细密，则生长不快。三种鳝种应分开饲养。每千克鳝种生产成鳝的增肉倍数是：第一种为1∶(5～6)；第二种为1∶(3～4)；第三种为1∶(2～3)。鳝种的大小最好是每千克20～50尾，如果规格太小，则成活率低，当年还不能上市；如果规格太大，则增肉倍数低，单位净产量不高，经济效益低。不过这也不是绝对的，放养何种规格的鳝种还需考虑市场因素。如果春节前后市场上规格大的商品鳝价格很高，养殖者也可适当考虑放养大规格的鳝种，甚至成鳝。

（3）半人工繁殖的苗种培育　模拟野外自然产卵环境，在养殖池让其自然繁殖。每年年底，从人工养成的成鳝中，选择体格健壮、尾重100～200克，体色黄而有光泽的个体，集中在富含有机质土壤的池中越冬，待翌年7～8月自然产卵繁殖。当池中水温15℃以上时，要加强对这批鳝苗的投饵喂养。在繁殖期要密切注意产出的卵和孵化的鳝苗，发现卵可取出专门孵化，发现苗也要及时捞出按不同规格分池放养，以防大吃小、相互残食。培育池内，可先用鸡粪等有机肥培育出浮游动物，然后将鳝苗放入，让鳝苗靠吃浮游动物生长。如浮游动物不足，则可辅助投喂一些煮熟的蛋黄浆。幼鳝一经开食，即逐渐分散活动。

（4）在野外收集黄鳝受精卵，然后人工孵化成苗　每年盛夏期，有些湖岸沼泽地区、农村的水沟和水稻田，常可见到一些泡沫团状物漂浮在水面上，这有可能是黄鳝的孵化巢。当发现这种现象时，应及时用瓢或盛饭的勺子轻轻将它捞起，放在已盛入新水的面盆或水桶中，然后将鳝卵小心地放在鳝卵孵化器中孵化。孵化期间的管理与人工繁殖孵化期间的管理相同。

（5）在野外直接收集野生鳝苗　在黄鳝经常出没的水沟中放养水葫芦，5月下旬至9月上旬就可去收集野生鳝苗。方法是先在地上铺一塑料密网布，用捞海把水葫芦捞至网布上，原来藏于水葫芦根中的鳝苗会自动钻出来，落在网布上。收集到的野生鳝苗可放入鳝苗池中培育。还有一种方法也可收到野生鳝苗。5月中旬，可在黄鳝生活水域中预先用马粪、牛粪、猪粪拌和泥土，在水中做成块状分布的肥水区，肥水区可长出许多水蚯蚓，开食后的幼鳝会自动钻入这些肥水区觅食，此时可用小抄网捕捉，放入幼鳝培育池中培育。

（6）全人工繁殖的苗种培育　对人工繁殖的鳝苗，投喂水蚯蚓等，加以人工培育。

2. 野生黄鳝苗种采集技术

（1）鳝苗采集前的运输工具　可容水100千克的铁箱或内衬塑料膜的篾筐、两指以上聚氯乙烯网片、井水或清洁的河道水。井水应提前10小时置入容器。此外还有称量工具、密眼网袋、编织带制篓筐，以充氧的氧气袋为佳。

（2）鳝苗采集方法

① 捕捞方式以笼捕最佳，电捕可适量选用。

② 订户收购，要求捕捞户每天捕捉的黄鳝按1份黄鳝用6份水的比例储存，起笼到储存的时间尽量控制在1小时以内。

③ 养殖户必须在每天上午将当天捕捉的黄鳝收购回来，途中

时间不得超过 6 小时。

收购时，容器盛水至 2/3 处，内置 0.5 千克聚乙烯网片。鳝苗运回，立即彻底换水，所换水的比例达 1∶6 以上。浸洗过程中，剔除受伤和体质衰弱的鳝苗。1 小时后，对黄鳝进行分选，规格分为 25 克以下和 25～50 克两类，然后放入鳝池。整个操作过程中，水的更换应避免温差过大（±2℃以下）。

3. 野生黄鳝苗种驯养技术

（1）驯养的意义　依据黄鳝天然食性，国内养殖者们普遍采用投喂鲜活饵料进行人工养殖，这些鲜活饵料包括蚯蚓、小杂鱼、河蚌、螺类或诱捕昆虫。其优点是黄鳝能很快形成摄食习惯，但缺点也是明显的，表现为增重倍数低、无法长期稳定供应，尤其是大规模养殖时，这一局限性更加难以克服。使用人工配合饲料饲养黄鳝是实施黄鳝规模养殖成功的关键。也有一些养殖户自己配制一些人工饵料进行饲喂，但由于对黄鳝的食性转变过程、人工饵料配制的营养全面性及制备方法等认识不足，摄食率和增重情况均不理想。经科研人员多年的试验，在对黄鳝消化功能反复研究的基础上，成功地解决了黄鳝人工饵料的营养全面性和可食性问题。经大规模生产试验表明，使用专用饵料，黄鳝摄食率高、增重快、饵料系数低。

（2）驯养前的准备工作　收购鲜活河蚌，置于池塘暂养储存。冷柜：河蚌肉使用前，先进行冷冻处理。采用大号绞肉机，配两个模孔（3～4 毫米、6～7 毫米）。

驯养池设计与建造，驯养池主要用于黄鳝的驯食，用水泥、砖砌成。驯养面积一般较小，每池 2～3 米^2，池高为 40～60 厘米。在池的一面设 2 个进水孔，另一面设 2 个排水孔，一个排水孔与池底等高，另一个排水孔高出池底 15 厘米，进、排水孔口必须安装防逃金属网罩。

（3）驯养方法　以建立黄鳝饥饿感和制作合适的饲料形状来提高黄鳝驯养的成功率。驯养饵料选用新鲜蚌肉，经冷冻处理后，用 6～7 毫米模孔绞肉机加工成肉糜，蚌肉不能被黄鳝有效消化，但却是黄鳝喜食的饵料之一。每天下午5～7时投喂，每天1次，投喂量控制在鳝苗总重的1%范围内。这一数量远在黄鳝饱食量5%～6%以下，因而黄鳝始终处于饥饿状态，为建立群体集中摄食条件反射创造了良好机会。投喂时先将河蚌肉糜加清水混合，然后均匀泼洒。3天后，观察到黄鳝摄食旺盛，即改为定点投喂，一般每池设4～6个点，继续投喂2天，投喂量仍为1%，此时黄鳝基本能在8分钟内吃完。第6天即改为人工配合饵料。这种人工配合饵料的迅速转换绝不是任何人工饵料都行之有效，这种专用人工配合饵料必须具有特殊的饲料加工形状和成分配比。首先选用精心配制的黄鳝饲料50千克加入8%新鲜河蚌肉浆（3～4毫米绞肉机加工而成）和适量黄鳝配合饲料混合，手工（或用拌和机）充分搅拌，然后用3～4毫米模孔绞肉机压制成直径3～4毫米、长度3～4厘米的软条形饲料，略风干，即可投喂。投喂时直接撒入定点投喂区域内，投喂量为2%左右，每天下午5～7时投喂1次。特别注意，投喂量应以15分钟吃完为度，以提高饲料效率和降低载体的负荷。此种组合的人工配合饵料，投喂效果极为理想，黄鳝生长速度快。

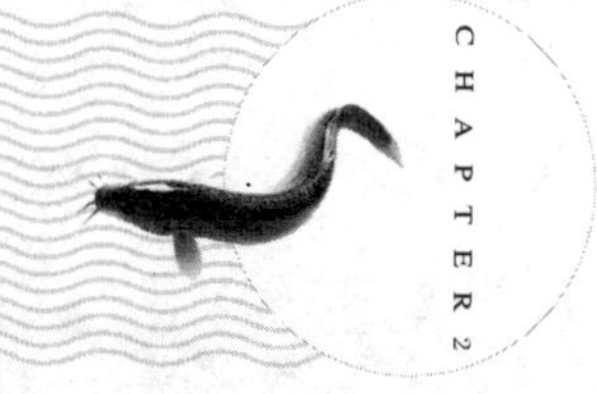

第二章

泥鳅、黄鳝无公害标准化生产的环境卫生管理

第一节 泥鳅、黄鳝无公害标准化生产基地的要求

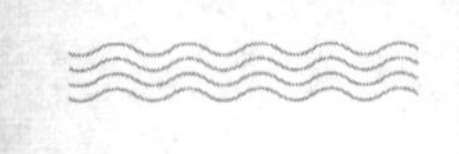

一、建立无公害水产品标准化生产基地的重要性及其意义

无公害水产品是指生产环境、生产过程和最终产品质量安全符合无公害农产品（水产品）标准要求，对人类健康有安全保障，并获得无公害农产品（水产品）认证的渔业产品，主要是指水产品品质、色、香、味等达到国内或国际标准，包括无药物（农药、抗生素、激素等）残留、无病原微生物、无重金属残留，霉菌毒素、细菌总数不得超出国内或国际标准。

无公害水产品养殖生产基地是一种标准化的生产基地，它的管理和运作是基于一系列相关的法律法规及标准。建立这种基地的基本目的是为了生产符合食品安全要求，对人类健康有安全保障的水产品，这类水产品既符合直接进入市场、为消费者选购的要求，又可为生产加工企业提供合乎质量要求的（水产）原料，从而进一步加工开发利用。

建立无公害水产品养殖生产基地既是我国水产业参与国际竞争的迫切需要，也是进一步提高水产品质量，保障消费者及提高人们生活水平的内在需求。随着社会的发展，人们对食品质量和安全性也日益关注和重视。2001 年 4 月，农业部在全国启动了“无公害食品行动计划”，并首先在北京、上海、天津和深圳 4 个城市试点，制定了 73 项无公害农产品的产地环境、生产技术规范和产品质量安全行业标准，开展了京、津、沪和深圳市的无公害食品定点跟踪监测，安排了 6 个无公害农产品标准化生产综合示范区，创建了 100 个无公害果、蔬、茶生产基地。其后，国内一些省市先后建立起了农产品市场准入制度，把提高农产品质量安全作为职能部门的重要日常管理工作，对保证农产品质量安全及人们身体健康起到了

重要作用。通过规范化管理，生产无公害水产品，是满足市场准入条件的重要措施，是确保水产业在新的历史时期实现可持续发展的基础和保障。

二、泥鳅、黄鳝无公害标准化生产基地的基本条件

无公害水产品生产过程是一个系统工程，从生产、加工到销售各个环节都要满足相应的条件。要保证水产养殖产品无公害，符合食品质量安全要求，对人类健康有安全保障。因此，无公害泥鳅、黄鳝标准化生产基地应当具备如下条件。

① 养殖环境符合无公害水产品产地环境标准要求，如养殖水质达到无公害养殖用水标准《无公害食品 淡水养殖用水水质(NY 5051—2001)》(表 2-1)；养殖场周边无污染源，基地整洁，布局合理。

表 2-1 淡水养殖用水水质要求

序号	项目	标准值
1	色、臭、味	不得使养殖水体带有异色、异臭、异味
2	总大肠菌群/(个/升)	≤5000
3	汞/(毫克/升)	≤0.0005
4	镉/(毫克/升)	≤0.005
5	铅/(毫克/升)	≤0.05
6	铬/(毫克/升)	≤0.1
7	铜/(毫克/升)	≤0.01
8	锌/(毫克/升)	≤0.1
9	砷/(毫克/升)	≤0.05
10	氟化物/(毫克/升)	≤1
11	石油类/(毫克/升)	≤0.05
12	挥发性酚/(毫克/升)	≤0.005
13	甲基对硫磷/(毫克/升)	≤0.0005
14	马拉硫磷/(毫克/升)	≤0.005
15	乐果/(毫克/升)	≤0.1
16	六六六(丙体)/(毫克/升)	≤0.002
17	DDT/(毫克/升)	≤0.001

② 按照无公害水产品生产技术标准组织生产，如各种养殖技术规范等。

③ 具有相应的技术机构和技术人员，这是确保无公害养殖生产能够顺利进行的基本条件。

④ 具有完善的质量安全管理制度和可依托的技术保障措施。

⑤ 具有比较完善的基础设施和程序化的生产管理模式，包括建立生产管理档案、详细记录生产过程中各个环节的内容。

⑥ 具有一定的生产规模。

三、泥鳅、黄鳝无公害生产基地的布局与鱼池修建

1. 场址选择

无公害生产基地的地形选择的原则：一是减少施工难度和减少施工成本；二是便于养殖管理。建设应考虑利用地形防风、防旱、防洪，充分利用太阳光、风能增加鱼产量。最好能建成排灌自流，以节省养殖中的能耗。另外，为了养殖场经营的便利，要求交通与通信便捷。

2. 无公害养殖基地的布局

无公害养殖基地的布局要充分考虑当地的地形、四季风向、光照等自然条件，同时要考虑生产、安全、运输等的方便。

总体平面图的设计，有以下几个原则：①场房应尽可能居于鱼场平面的中部；②亲鱼池应在场房的前后；③试验池也应设在场房前后；④产卵池、孵化设备应与亲鱼池靠近；⑤鱼苗池接近孵化设备，鱼种池围绕鱼苗池，鱼种池外围则为成鱼池；⑥蓄水池应建在全场最高点，最好使水源能自流灌注各池；⑦污水处理池建在全场最低处，并能收集全场污水。

3. 精养鱼池的修建原则

① 走向应保证养殖季节全天最充分接受光照和风吹，一般以东西向为长、南北向为宽。

② 池形为长方形，一般要求宽度应统一，以减少网具设备。

③ 堤顶面宽及坡面梯度应按各堤功用与土质而定。

④ 进水口应最高，排水口应最低，有一定比降，一般为1/300～1/200，能从排水口排尽所有池中水。

⑤ 注排水应具有独立的系统，不允许池间串水。排水应安装两个管：一个高位管，以便排余水和利用风力排污及过量藻类，故应装在下风处；另一个低位管，应能彻底排尽池中水与底污。

4. 集约化养殖池建设原则

① 养殖池为全砖石水泥结构，内壁光滑，四角修成弧形。池底铺设5厘米混凝土，表面水泥抹光且整体水平，并保证不开裂、不漏水。

② 池壁顶部修成“T”字形，既可防止泥鳅、黄鳝逃逸，又可避免鼠、蛇的侵入。

③ 池两侧放养大量水葫芦，不仅可提供泥鳅、鳝苗潜伏，夏季遮阴降温和冬季保温，同时更具极强的水质净化作用。

④ 池中间留出1米宽无水葫芦的空置区作为投喂饲料场所，同时由于泥鳅、鳝苗在水葫芦下活动，可将污物集于中间，排污极为方便。

⑤ 池水体溶存量大，约3米^3，有害溶存因子难以达到危害浓度。

⑥ 进水和排水方便、快捷。

四、泥鳅、黄鳝无公害标准化生产基地环境质量检测和监控

由于水产养殖水质因子、自然条件、周边环境、水体中各种生物要素随时处于动态变化状态，因此，有必要随时了解各种相关因子的基本情况，做到心中有数、有的放矢，才能确保无公害养殖生产按计划进行，其最终产品达到无公害水产品质量要求，所以无公害泥鳅、黄鳝标准化生产基地环境质量检测和监控是日常管理工作的重要内容。

环境质量检测和监控主要依据《无公害食品　淡水养殖用水水质》（NY 5051—2001）、《渔业水质标准》等指标进行检测，对一

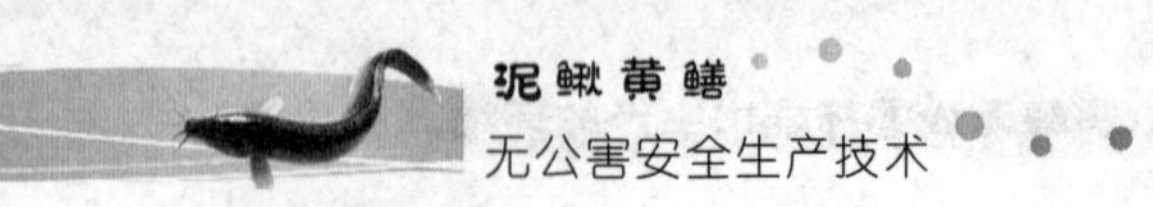

些当前引起较大关注的水产养殖药物（如氯霉素、呋喃唑酮、土霉素等）要重点监控，严格遵守水产养殖药物管理规定，其监控内容和频率可以根据养殖生产的实际情况而定，一般可以在养殖池准备阶段、放苗前、养殖过程中进行布点监控和抽样检测，同时要注意养殖场周边环境变化情况，对周边污染源分布、排污特点、排污强度要详细了解，并建立相关档案，重点是水源的监测和监控，防止外来污染。

此外，对养殖过程中可能产生的自身污染也要进行监控。如何处理养殖过程中产生的养殖废水也要列入管理工作内容，逐步向零排放或达标排放过渡。当前，对养殖业自身产生的废水污染环境问题已引起广泛关注，并已出台了一些法规，水产养殖废水排放问题也要引起重视。今后如何处置养殖废水，是一个值得重视的新问题，不要生产了无公害产品，同时又产生了新的“公害”。

第二节 泥鳅、黄鳝无公害标准化生产的产地环境要求

一、产地环境要求

养殖地应是生态环境良好，无工业“三废”或不直接受工业“三废”及农业、城镇生活、医疗废弃物污染的水（地）域。养殖地区域内及上风向、灌溉水源上游，没有对产地环境构成威胁的（包括工业“三废”、农业废弃物、医疗机构污水及废弃物、城市垃圾和生活污水等）污染源。

二、水质要求

无公害养殖用水要满足泥鳅、黄鳝的生产养殖需要，除了要有足够的水量之外，还要具备相应的水质条件，其中最重要的是：含

适量的溶解盐类；溶解氧丰富，几乎达到饱和；含适量植物营养物质及有机物质；不含毒物；pH 在 7 左右。我国渔业水质标准规定，一昼夜 16 小时以上溶解氧含量必须大于 5 毫克/升，其余任何时候不得低于 3 毫克/升。

泥鳅、黄鳝生长得好坏和水中溶解氧含量呈正比，水中溶解氧含量高时，泥鳅、黄鳝摄食旺盛，泥鳅、黄鳝的耗氧量会受水中溶解氧含量、水温的影响，当水中溶解氧含量增加及温度升高时，泥鳅、黄鳝的耗氧量也随之增加，泥鳅、黄鳝的新陈代谢加快，有利于泥鳅、黄鳝的生长。

养殖水质必须严格按照生产技术规范操作，建立水质监测制度，及时调控水质，进行废水处理，防止养殖生产的自身污染。

泥鳅、黄鳝无公害标准化生产用水水质应符合表 2-2 的要求。

表 2-2 泥鳅、黄鳝无公害标准化生产用水水质要求

序号	项目	标准值
1	色、臭、味	不得使鱼、虾、贝、藻类带有异色、异臭、异味
2	漂浮物质	水面不得出现明显油膜或浮沫
3	悬浮物质	人为增加的量不得超过 10，而且悬浮物质沉积于底部后，不得对鱼、虾、贝类产生有害的影响
4	pH 值	6.5～8.5
5	溶解氧	连续 24 小时中，16 小时以上必须大于 5 毫克/升，其余任何时候不得低于 3 毫克/升（对于鲑科鱼类栖息水域冰封期，其余任何时候不得低于 4 毫克/升）
6	生化需氧量（5 天，20℃）	不超过 5，冰封期不超过 3
7	总大肠菌群	不超过 5000 个/升（贝类养殖水质不超过 500 个/升）
8	汞	≤0.0005 毫克/千克
9	镉	≤0.005 毫克/千克
10	铅	≤0.05 毫克/千克
11	铬	≤0.1 毫克/千克
12	铜	≤0.01 毫克/千克
13	锌	≤0.1 毫克/千克

续表

序号	项目	标准值
14	镍	≤0.05 毫克/千克
15	砷	≤0.05 毫克/千克
16	氰化物	≤0.005 毫克/千克
17	硫化物	≤0.2 毫克/千克
18	氟化物(以 F^- 计)	≤1 毫克/千克
19	非离子氨	≤0.02 毫克/千克
20	凯氏氮	≤0.05 毫克/千克
21	挥发性酚	≤0.005 毫克/千克
22	黄磷	≤0.001 毫克/千克
23	石油类	≤0.05 毫克/千克
24	丙烯腈	≤0.5 毫克/千克
25	丙烯醛	≤0.02 毫克/千克
26	六六六(丙体)	≤0.002 毫克/千克
27	滴滴涕	≤0.001 毫克/千克
28	马拉硫磷	≤0.005 毫克/千克
29	五氯酚钠	≤0.01 毫克/千克
30	乐果	≤0.1 毫克/千克
31	甲胺磷	≤1 毫克/千克
32	甲基对硫磷	≤0.0005 毫克/千克
33	呋喃丹	≤0.01 毫克/千克

注：测定及取样方法应符合 NY 5051—2001 中的要求。养殖用水的水源应符合 GB 11607 的要求。

三、底质要求

无公害生产基地底质无工业废弃物和生活垃圾，无大型植物碎屑和动物尸体；底质养殖呈自然结构，无异色、异臭。底质中有害

有毒物质最高限量应符合表2-3的规定。

表2-3 底质有害有毒物质最高限量

项目	指标(湿重)/(毫克/千克)
总汞	≤0.2
镉	≤0.5
铜	≤30
锌	≤150
铅	≤50
铬	≤50
砷	≤20
滴滴涕	≤0.02
六六六	≤0.5

注：检验方法应符合GB/T 18407.4—2001中的要求。

第三节 泥鳅、黄鳝无公害标准化生产的环境卫生管理

一、水源

对于泥鳅、黄鳝无公害标准化生产的水源要求，不仅要水量丰富，还要水质无污染、有机质含量低、水温昼夜差异不大。水源可分封闭性水源和开放性水源。

1. 封闭性水源

封闭性水源主要为地下井水，是作为泥鳅、黄鳝养殖用水的较佳选择途径。地下水水质清新，杂质少，几乎没有有害病菌和寄生虫，但使用时必须注意三点：一是水量渗出能否满足养殖需求；二是用前必须经蓄水池充分曝气，平衡温度；三是使用前需作检测，

井水中不得含有无公害养殖所要求的有毒物质，还要防止水源人为地被污染和破坏。

2. 开放性水源

对开放性水源如水库水、河水、湖水及池塘水，最好用人饮用水系的水，不能用生活污染水与工农业污水。

(1) 水库水　一般水库水的水体都很清澈，溶解氧丰富，有机质含量低，且有害病菌和寄生虫少，是极佳的养殖用水。取水采用表层 1 米以下左右的水层，该水层水温恒定，基本无昼夜温差变化。

(2) 河水、湖水　由于自然流经和养殖开发的原因，该水源虽然溶解氧丰富，但一般都含有较多的杂质和有机质，有一定的混浊度，并且含有一定的病害生物。如果选作泥鳅、黄鳝养殖用水，应该建蓄水池，以便于对水体进行过滤沉淀或必要的消毒。

(3) 池塘水　此种水源有机质和浮游生物浓度极大，一般在集约化（工厂化）养殖中尽量不选用。

二、生活区与池埂

主要为避免一些高残毒的农药（如除草剂、杀虫灭鼠剂）大量使用，同时防止大量有机物（如人畜粪便）冲入池中。

三、污水处理与循环再利用

养殖后的废水，有机物含量高，其本身也是引起水域二次污染的主要原因之一。但目前绝大部分都未经处理直接排放，造成二次污染。不达标无公害泥鳅、黄鳝的养殖用水和养殖后的废水必须进行处理。

养殖用水和废水处理的目的就是用各种方法将污水中含有的污染物质分离出来，或将其转化为无害物质，从而使水质保持洁净。根据所采取的科学原理和方法不同，养殖用水和废水的处理方法可分为物理法、化学法和生物法。

1. 物理法

根据要处理的污水量，修建至少 2 个以上体积合适的沉淀池。沉淀池应建成圆柱形漏斗底并在底部装有除污管。污水进入沉淀池时，应从圆柱的水平圆截面的切线方向加入，以便形成旋涡，将固态污物沉入漏斗底。上清液由上排水孔排出，作下一步处理。固态污物从位于最底层的除污管排出，可做成有机肥。上述处理的上清液，可以进一步进行物理吸附作用，可加入助净剂，通过物理吸附方式进一步减少水体悬浮物。常见的水体助净剂如表 2-4。

表 2-4 常用的水体助净剂

类型		品种
无机类	低分子	明矾、硫酸铝、氯化铝、铝酸钠、硫酸铁、硫酸亚铁、氯化铁、碳酸镁、碳酸氢镁
	高分子	碱式氯化铝、碱式硫酸铝、硅酸
有机类	天然高分子	动物胶、骨胶、乳胶、糊精、海藻酸钠、琼胶
	合成高分子	羧甲基纤维素、羧乙基纤维素、水解聚丙烯酰胺、聚苯乙烯磺酸钠、聚乙烯吡啶季铵盐、甲醛双氰胺、聚糖、淀粉-聚丙烯酰胺结合共聚物

2. 化学法

常用的简单经济可行的方法是用生石灰进行水质、底质改良。改良底质常用生石灰，以水即化即泼洒的方法；改良池水则以每亩用 10～15 千克生石灰进行化水泼洒，能产生净化、消毒和改良水质、底质的效果。

3. 生物法

生物法处理养殖废水的方法很多，在泥鳅、黄鳝的养殖中一般可采用以下几种方法。

（1）微生物制剂　具有改良水质、增加溶解氧、降低氨氮、抑制致病菌生长、改善动物体内水环境生态平衡、提高动物抗病力与免疫力、促进泥鳅和黄鳝生长等功能。它是由一些对人类和养殖对象无危害并能改良水质状况，能抑制水产病害的有益微生物制成。

主要有硝化细菌、光合细菌、枯草杆菌、放线菌、乳酸菌、酵母菌、链球菌和EM微生物菌群等。微生物制剂必须含有一定量的活菌，一般要求每毫升含3亿个以上的活菌体，且活力要强。同时，注意制剂的保存期，大量实验证明，随着制剂保存期的延长，活菌数量逐渐减少，即意味着其作用越来越小，故保存期不宜过长。还要注意一些不利因素的影响（如温度、pH值等），并且禁止与抗生素、杀菌药或具有抗菌作用的中草药同时使用。

（2）水生植物净化水质　在泥鳅、黄鳝的养殖中，栽种水生植物可以有效地降低水体中的氮、磷等营养盐，消除有机物污染，增加水体透明度，而且水生植物对某些有毒物质有很强的吸收、分解净化能力。如凤眼莲（水葫芦）、空心莲子草（水花生）在泥鳅、黄鳝的养殖中可以明显改善水质，降低氮、磷含量，吸收锌、酚、铬、有机物等有害物质。这种方法有很好的净化效果和节能作用，所以很有应用前景。

（3）生物滤器　利用细菌（亚硝化单胞菌、硝化杆菌）把含氮有机物转化为硝酸盐的过程称为生物过滤。因这种方法需要大量的氧气和动力，所以目前在我国其适用性受到制约。而且这种方法处理后的水需要脱氮滤器与之相匹配。脱氮滤器利用兼性厌氧异养细菌（如假单胞菌、反硝化芽孢杆菌等）将硝酸盐转变为氮气。

4. 消毒与再利用

经以上处理的水要再利用，必须经过消毒。当然，最环保的消毒方式为紫外线消毒法和臭氧消毒法。出于节省费用的目的，可以用非卤化剂的氧化剂。

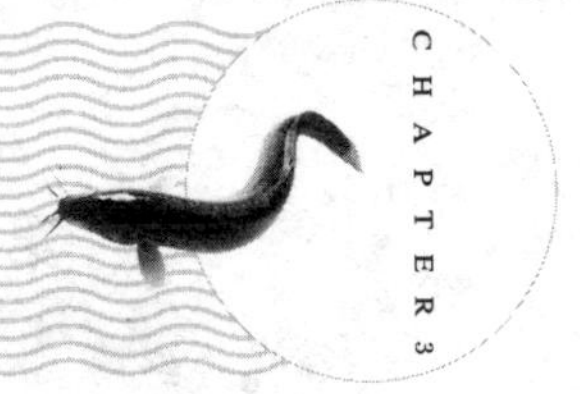

第三章

泥鳅、黄鳝无公害饲料的选择及要求

第一节 泥鳅、黄鳝的营养需要

为了无公害标准化生产，研究泥鳅、黄鳝在不同生长发育阶段的营养需求，科学合理地研制配合饲料配方是很重要的。饲料的一般营养成分是评价饲料营养价值的基本指标，而饲料营养价值的高低，主要取决于饲料中营养物质的含量。为了科学合理地配制配合饲料，必须弄清饲料的营养物质及各种营养物质的功能，以及不同鱼对这些营养物质的需求量。这些营养物质主要包括蛋白质、碳水化合物、脂肪、维生素和各种矿物质。无公害养殖时这些营养组成既不能缺乏，又应科学配合，以达到不浪费资源、能源和最低废弃物排放的目的。

一、蛋白质

蛋白质是生命的基础，是动物生长发育和维持生命的必要营养素，是构成细胞原物质、各种酶、激素与抗体的基本成分，也是动物本身物质组成的基本成分。按干物质基础计算，泥鳅、黄鳝体中的蛋白质含量分别高达90%和70%，在水产品中名列前茅。可以认为，对泥鳅、黄鳝来说，所需的蛋白质含量必须较高。

氨基酸是蛋白质的基本构成单元，又分为必需氨基酸和非必需氨基酸。黄鳝对氨基酸的需求种类及各种类的比例数量可以从其开口饵料蚯蚓中得到启发。自然界中与动物体必需氨基酸组成近似的饲料（蛋白源）即为该动物的最适饲料（蛋白源），其氨基酸组成模式和该动物机体氨基酸组成情况、氨基酸需求情况密切相关。因此，以鳝苗天然开口饵料水蚯蚓的氨基酸组成（表3-1）和黄鳝肌肉成分（表3-2）作比较，可以分析黄鳝对蛋白质的需要。

表 3-1 水蚯蚓的测试分析

氨基酸名称	含量/(克/100 克湿样)	氨基酸名称	含量/(克/100 克湿样)
苏氨酸	0.53	亮氨酸	0.89
丝氨酸	0.56	酪氨酸	0.39
谷氨酸	1.40	苯丙氨酸	0.43
甘氨酸	0.50	赖氨酸	0.75
丙氨酸	0.73	组氨酸	0.26
胱氨酸	0.13	精氨酸	0.70
缬氨酸	0.54	脯氨酸	0.34
蛋氨酸	0.23	牛磺酸	0.11
异亮氨酸	0.49		
天冬氨酸	1.01	总氨基酸	9.99

注：蛋白质 10.02%；水分 87.61%。

表 3-2 黄鳝肌肉成分分析（每 100 克鲜重）

成分	含量/毫克	成分	含量/毫克
蛋白质	17200	烟酸	2.5
脂肪	1200	硫胺素(维生素 B_1)	0.06
碳水化合物	600	核黄素(维生素 B_2)	0.04
钙	40	抗坏血酸(维生素 C)	0.014
磷	62	维生素 A	428 国际单位
铁	0.7		

二、碳水化合物

碳水化合物是动物性饲料的主要成分，有无氮浸出物和粗纤维两类，按泥鳅、黄鳝的需要和营养生理的功能作用来看，饲料中碳水化合物的添加要注意以下几点。

① 可溶性糖和淀粉能溶于水和稀酸中，极易被动物消化和吸收，生理作用是提供能量和构成组织细胞的成分，是泥鳅、黄鳝饲料中必要的，一般添加 15%即可，而且用在饲料配方中，可以不

以高价的蛋白质去代替这些廉价的碳水化合物。

② 泥鳅、黄鳝对半纤维的消化率很低，无需专门加入。

③ 泥鳅、黄鳝难以消化纤维素，无需加入。

④ 木质素没有营养价值，还有碍于机体内微生物分解纤维素的作用，降低其他养分的消化和吸收，故不可用作泥鳅、黄鳝饲料。

三、脂肪

脂肪是组成细胞原生质的成分，在所有细胞中都是不可或缺的组成成分。脂肪是泥鳅、黄鳝体组织的构成成分，其细胞膜等生物膜都是由类脂质结合的脂蛋白构成的，细胞质也是由蛋白质、脂肪形成的乳状液。在泥鳅、黄鳝的饲料中适当添加一定数量的脂肪对提高脂肪酸含量，节省蛋白质，提高饲料转化率和泥鳅、黄鳝生产率具有明显的不可忽视的作用。按脂肪的结构看，泥鳅、黄鳝体内所缺乏的是不饱和脂肪酸，即“必需脂肪酸”。通常植物饲料中必需脂肪酸含量较高。同时，脂肪酸储存量的多少，对于泥鳅、黄鳝越冬和翌年的复壮至关重要。

四、维生素

维生素的主要功能是调节和控制泥鳅、黄鳝新陈代谢，维持生命活动必需的生理活性。现已发现的维生素有 20 多种，分为水溶性和脂溶性两大类。水溶性维生素有维生素 B_1、维生素 B_2、维生素 B_6、维生素 B_{12}、肌醇、烟酸、泛酸、胆碱、生物素、叶酸等。脂溶性维生素有维生素 A、维生素 D、维生素 E、维生素 K。

维生素 A 具有维持泥鳅、黄鳝上皮细胞健康的作用。但它是不可能在体内合成，必须从动物性饲料中供给。维生素 A 缺乏时上皮细胞可发生角质化，其表现为尾端的角质化坏死。

维生素 D 能促进动物体内钙、磷的吸收，直接关系到动物骨骼的发育。维生素 D 缺乏时，动物会发生佝偻病、骨骼弯曲、溶骨症等病症。在鱼市上有时可见到身体折叠式弯曲的畸形泥鳅、黄

鳝，就是患了维生素 D 缺乏症。

对泥鳅、黄鳝来说，人工配合饲料中的抗氧化剂宜采用维生素 E，它具有多重效应。

在高密度养殖状态下，饲料中长期缺乏维生素 K，凝血酶原的合成受到抑制。有时会发现高密度养殖池的泥面上，有一滩鲜红的血迹，这就是泥鳅、黄鳝在受伤后大量出血所致。维生素 K 是凝血酶原合成的快速促进剂。

B 族维生素是一个大的系列家族，对于泥鳅、黄鳝在生理功能上的需求与缺乏后所出现的症状方面，国内的专题研究尚属空白。黄鳝缺乏维生素 B_1（硫胺素）和维生素 B_2（核黄素）的症状基本相同：黄鳝身体不全部进洞，有留头胸于洞外的，也有留腹尾于洞外的，还有根本不进洞的。分别以核黄素和硫胺素加酵母拌蚯蚓饲喂，对早期患病黄鳝，5 天即可使其明显好转，但中晚期患病黄鳝均相继死亡。

五、矿物质

泥鳅、黄鳝所需要的元素，包括常量元素和微量元素两大类。常量元素包括碱性元素（钾、钠、钙、镁）和酸性元素（硫、氯、磷）；微量元素包括铁、铜、钴、锰、锌、钼、硒、碘等。虽然其所需矿物质是微量的，仅在千万分之一，但必须及时补充。

钙、磷是黄鳝骨骼的主要成分。钙在肌肉功能、凝血作用、神经脉冲传递、渗透压的调节和酶反应中有重要作用；直接参与能量传递、细胞膜穿透、遗传编码、生长及繁殖，并具有控制作用。因此，钙、磷是泥鳅、黄鳝机体所需矿物质中比重最大、最重要的成分，如果钙、磷比例失调，鱼体骨质会软化，体态瘫软，不易游动。

根据一般鱼类对钙、磷的比例要求进行了泥鳅、黄鳝需求的摸索试验，配合饲料中的含磷量为 0.99%、含钙量为 0.35%才可满足需要。钙、磷的主要来源为骨粉和鱼粉，试验表明，任意使用一种自制粉即可满足泥鳅、黄鳝所需，而且可使泥鳅、黄鳝增重提高6.7%。

在微量元素中，铁在饲料中的添加量较少，一般每100千克饲料中补充160毫克即可。碘在饲料中的添加量与泥鳅、黄鳝所处的生态环境有关，生态环境越好，代谢越平衡，添加量越少。一般每100千克饲料中添加20毫克左右即可。锌在饲料中的添加量与泥鳅、黄鳝的个体有关，一般每100千克饲料添加60～130毫克。

要使泥鳅、黄鳝达到理想的催肥要求，务必使配合饲料中的蛋白质、脂肪及其矿物质等营养物质保持平衡，使其表现出体液、水、电解质的酸碱平衡，主导因素就是钾、钠、氯的平衡。有人说泥鳅、黄鳝饲料中不可加入食盐，从黄鳝的生化功能来看，是不正确的。

黄鳝的营养需要标准见表3-3。

表3-3　黄鳝的营养需要标准

项目		幼鳝	成鳝
代谢能/(千卡/千克)		3100	2800
蛋白质/%		48	43
钙/%		0.85	0.35
磷/%		0.99	0.99
食盐/%		1.1	1.5
氨基酸	蛋氨酸+胱氨酸/%	2.0	2.0
	赖氨酸/%	2.2	1.8
	苏氨酸/%	0.6	1.4
	精氨酸/%	1.5	1.0
	异亮氨酸/%	1.5	1.3
	亮氨酸/%	1.8	1.4
	组氨酸/%	0.95	0.75
	苯丙氨酸/%	2.0	1.7
	色氨酸/%	0.6	0.3
	缬氨酸/%	1.8	1.2

续表

项目		幼鳝	成鳝
微量元素	铁/(毫克/100 克鲜重)	180	40
	铜/(毫克/100 克鲜重)	8.9	8.4
	镁/(毫克/100 克鲜重)	50	45
	锰/(毫克/100 克鲜重)	28	16
	锌/(毫克/100 克鲜重)	70	60
	钴/(毫克/100 克鲜重)	0.89	0.60
	硒/(毫克/100 克鲜重)	0.78	0.50
	碘/(毫克/100 克鲜重)	0.80	0.70
维生素	维生素 A_1/(国际单位/100 克鲜重)	4500	4500
	维生素 D_3/(国际单位/100 克鲜重)	1000	1000
	维生素 E/(国际单位/100 克鲜重)	40	40
	维生素 K/(毫克/100 克鲜重)	10	10
	维生素 C/(毫克/100 克鲜重)	25	20
	维生素 B_1/(毫克/100 克鲜重)	28	20
	维生素 B_2/(毫克/100 克鲜重)	80	80
	维生素 B_6/(毫克/100 克鲜重)	40	35
	泛酸/(毫克/100 克鲜重)	80	50
	烟酸/(毫克/100 克鲜重)	120	100
	生物素/(毫克/100 克鲜重)	0.2	0.2
	叶酸/(毫克/100 克鲜重)	4	4
	胆碱/(毫克/100 克鲜重)	500	500
	肌醇/(毫克/100 克鲜重)	80	60
	维生素/(毫克/100 克鲜重)	0.01	0.01

第二节 泥鳅、黄鳝无公害饲料的选择

一般来说，泥鳅、黄鳝是以动物性饲料为主的鱼类，并且要求饲料鲜活，不食腐烂动物性饲料。目前，国内的无公害泥鳅、黄鳝人工养殖所使用的饲料大致分为动物性鲜活饵料、植物性饲料、动物下脚料和人工配合饲料。

其中，人工配合饲料的应用实践表明，在规模化泥鳅、黄鳝养殖中有实际意义。目前泥鳅、黄鳝的人工配合饲料的研究还有待进一步完善，因各地研究的泥鳅、黄鳝营养成分和需求比例有一定的差别，这将有待于同步研究其种苗的标准化培养与标准饲料的配套。总之，发展泥鳅、黄鳝规模化集约养殖，使用人工配合饲料是必由之路。

一、动物性鲜活饵料

这类饲料主要有蚯蚓、蚕蛹、黄粉虫、蝇蛆、螺、蚌和小鱼虾等。其中，蚯蚓是泥鳅、黄鳝最喜食的饲料，干体蛋白质含量达61%，接近鱼粉和蚕蛹。这些饲料的共同点是蛋白质含量高，营养丰富，转化率高，有利于泥鳅、黄鳝的生长发育，是饲料的最佳选择。

二、植物性饲料

泥鳅、黄鳝对植物性饲料大多是迫食性的。其消化特点是对动物性蛋白质、淀粉和脂肪等能有效消化，对植物性蛋白质和纤维素几乎不能消化。在规模化养殖中，需要一定的植物性饲料。这是因为人工养殖环境里的泥鳅、黄鳝比天然环境中的个体容易得到食物，且吃得多，吃得好，投入一定量的富含纤维素的植物性饲料有利于促进肠道蠕动，提高摄食强度。通常在配合饲料中添加一定量的麦粉（同时又是黏合剂）、玉米粉、麸、糠和豆渣等。

三、动物下脚料

动物下脚料可以作为人工养鳝的补充饲料（如猪肺、牛肺等内脏），但因泥鳅、黄鳝不食腐败饵料，故动物下脚料直接用于饲喂泥鳅、黄鳝存在一定的副作用。

四、人工配合饲料

投喂人工配合饲料是规模化养殖泥鳅、黄鳝的趋势。近年来，一些生产性试验亦证明配合饲料适合其养殖。总的来说，要求配合饲料的蛋白质含量较高，一般在35%～45%，甚至更高。但是，越冬黄鳝不宜投喂蛋白质含量在40%以上的配合饲料。同时，要求配合饲料有一定的适口性。当然配合饲料中的动物性饲料的比重仍然要求较大。目前，国内泥鳅、黄鳝饲料的研究和生产单位较少。由于饲料的特殊性，生产技术上可能有一定难度，批量也小。但因其成本较低，又易于储存，在应用上却易被人们接受。

1. 饲料配方中的原料种类选择

（1）谷物类　一般称为能量饲料，如米、麦、高粱、玉米、黍子等。它们具有如下特点。

① 高能量、低蛋白质　每千克含代谢能3兆卡以上，蛋白质含量在10%左右。作为变温动物对代谢能的需要不多，谷物类饲料的能量含量过高，是有富余的，但蛋白质含量远远不够。泥鳅、黄鳝饲料中，谷物类饲料只作为黏合剂使用。

② 低氨基酸，低维生素，低矿物质　有少量的赖氨酸和色氨酸，其他氨基酸含量更微不足道，无使用价值。

采用马铃薯氨基酸营养素配入泥鳅、黄鳝饲料或是直接用于饲喂仔苗，具有极好的饲料效益，且加工简单，储存期长。

（2）饼粕类　常被称为植物性蛋白质饲料。其粗蛋白质含量高，一般在30%以上。饼的含油量5%～6%，粕的含油量1%以下。饼的蛋白质含量低于粕，但都属于高蛋白质原料，都是泥鳅、黄鳝饲料的中上等原料。

① 豆饼含蛋白质40%～46%，平均42%；含赖氨酸2.6%～2.7%，蛋氨酸0.6%。豆粕含蛋白质44%～50%；含赖氨酸2.8%～2.9%，蛋氨酸0.65%。显然，用豆饼、豆粕调节饲料中赖氨酸的含量是较为简单的。在泥鳅、黄鳝饲料中，豆饼、豆粕的作用主要是补充蛋白质、平衡赖氨酸和补充脂肪。

② 花生饼是重要的蛋白质补充源之一，蛋白质含量高达45%左右，且纤维素含量低，不含毒素，含赖氨酸1.55%、蛋氨酸0.4%。

③ 芝麻饼是高蛋白源，含蛋白质高达40%左右，含赖氨酸1.37%、蛋氨酸1.45%，是所有饼粕类饲料中蛋氨酸含量最高的一种。

（3）动物性蛋白质饲料　在动物机体中，蛋白质占有机物质的70%以上。其各种氨基酸的含量与所养动物的氨基酸模式最为接近，维生素A、B族维生素、维生素D都较丰富，钙、磷含量及比例均较适中，故是泥鳅、黄鳝最好的饲料源，如鱼粉、蛤蜊、螺蛳、蝇蛹等。

（4）添加剂　饲料添加剂是指在饲料生产加工、使用过程中添加的少量或微量物质，在饲料中用量很少但作用显著。饲料添加剂是现代饲料工业必然使用的原料，对强化基础饲料营养价值、提高动物生产性能、保证动物健康、节省饲料成本、改善畜产品品质等有明显的效果。在饲料行业中，凡是用于补充和满足动物机体生化反应和生理作用达到较完美平衡的微量元素和常量元素均称为添加剂。添加剂包括有限的氨基酸、维生素、无机盐、脂肪酸、抗生素、激素、防霉剂、防病剂、抗氧化剂、诱食剂、黏合剂、防浮剂、软化剂等。

2. 饲料配方的原则和依据

泥鳅、黄鳝饲料除要求满足营养成分需要外，还要求具备营养价值的实用效应。营养价值的大小就是饲料转化率的大小，饵料系数越小，转化率越高；反之，饵料系数越大，转化率越小。可测定黄鳝的消化率来验证营养价值。

根据泥鳅、黄鳝的营养需要，即在一定条件下，单位体重的泥鳅、黄鳝每日所需能量和营养物质的合理数量，即最佳长势、最低饲料消耗的数量。

3. 配方程序（以黄鳝为例）

（1）选择配合饲料的主要原料成分（表 3-4）。

表 3-4 原料营养成分表（干物质）

种类	代谢能/(千焦/千克)	粗蛋白质/%	钙/%	磷/%	赖氨酸/%	铁/(毫克/千克)	维生素/(毫克/千克)
豆饼	10125	43	0.32	0.50	2.45	190	1.7
秘鲁鱼粉	11715	65	3.91	2.90	4.35	300	1.5
骨粉	—	—	31.26	14.17	—	23	—
玉米面筋	16108	60	0.02	0.70	—	—	—
蚯蚓	10209	52.2	0.41	0.60	—	—	—
啤酒酵母	10209	52.4	—	—	—	100	6.2
大豆	9623	38	0.25	0.59	—	90	6.6
血粉	11903	83.7	0.04	0.22	—	2800	0.4

（2）利用高能量原料玉米面筋和高蛋白质原料秘鲁鱼粉等作为补充能量和调节蛋白质比例的原料。根据经验估算，提出初步配方方案为：豆饼粉碎 20%，蚯蚓 30%（折干计算），熟大豆粉 40%，余下 10%作为差额补充。预备原料的营养累积见表 3-5。

表 3-5 预备原料的营养累积表

种类	原料量比/%	代谢能/(千焦/千克)	蛋白质/%	钙/%	磷/%	赖氨酸/%	铁/(毫克/千克)	维生素/(毫克/千克)
豆饼料	20	2025	8.4	0.064	0.1	0.49	38.0	0.38
蚯蚓	20	2041	488.0	10.44	0.082	—	—	—
熟大豆粉	40	5524	1320.0	15.20	0.1	0.236	0.664	36.0
合计	80	9590	34.04	34.04	0.146	0.336	1.754	2.98

（3）根据以上初步配方方案，用试差法计算出配方（表 3-6）。

表 3-6　黄鳝配合饲料配方一览表（成鳝）

种类	原料量比/%	代谢能/(千焦/千克)	蛋白质/%	钙/%	磷/%	赖氨酸/%	铁/(毫克/千克)	维生素/(毫克/千克)
豆饼粉	20	2025	8.4	0.064	0.1	0.49	38	—
蚯蚓	20	2041	10.44	0.082	—	0.6	—	—
熟大豆粉	40	5524	15.2	0.1	0.236	0.664	36	2.64
血粉	2.5	298	2.1175	0.001	0.0055	0.1948	70	0.11
玉米面	11.5	1852	6.9	0.001	0.0805	—	—	—
磷酸二氢钙	3	—	—	0.48	0.63	—	—	—
维生素 B_1	—	—	—	—	—	—	—	16.91
赖氨酸	—	—	—	—	—	0.25	—	—
黏合剂	3	—	—	—	—	—	—	—
合计	100	11740	43	0.73	1.05	2.2	144	19.66

（4）根据上述配方程序，同样可以得到泥鳅的配合饲料配方（表 3-7）。

表 3-7　泥鳅的配合饲料配方

种类	比例	种类	比例
豆饼粉	20%	蚕蛹料	29%
次粉	6%	血粉	3%
小麦粉	12%	骨粉	1%
鱼粉	26%	黏合剂	3%

其他泥鳅配合饲料配方如下。

配方 1：玉米 25%，土豆粉（或土豆熟后拌碎，放精饲料中，拌匀后即可）7.5%，豆饼 10%，麦麸 10%，鱼粉（或各种动物的血粉都可以用）20%，鸡粪 25%（鸡粪要与中药拌匀后，放入缸中封 2 天后再用，这样可杀死寄生虫及病毒），另加盐 1%、氨基酸 0.5%、矿物质添加剂 1%。

配方 2：玉米 30%，豆饼 15%，麦麸 10%，鲜鸡粪（同配方1）20%，鸡下水（或血粉及鱼粉）15%，鲜牛粪 5%，土豆粉 5%，另加盐、氨基酸、矿物质添加剂等。

配方 3：玉米 50%，豆饼 10%，麦麸 15%，鱼粉（或各种动物的下水与血粉，拌匀使用）25%，另加矿物质、维生素、氨基酸、盐、赖氨酸等。

4. 人工配合饲料的应用

人工配合饲料不能直接投喂泥鳅、黄鳝，必须先进行驯化。人工驯饵时，可用专用饲料 65%加入新鲜河蚌肉浆 35%（用 3～4 毫米）绞肉机加工而成。然后用手工或用搅拌机充分拌和成面团状，再用 3～4 毫米模孔绞肉机压制成直径为 3～4 毫米、长度为 3～4 厘米的软条形饵料，略风干，即可投喂。采用此法配制的饵料，投喂效果极为理想。

用以上配方加工的人工配合饵料成本一般在 4000～6000 元/吨。在水泥池规模化养殖中，饵料系数为 2；在无土流水工厂化养殖中，饵料系数仅为 1.2～1.5。而利用动物性饵料的饲料系数为 5～6，折合成本计算，可节约饲料成本 25%左右。

第三节 泥鳅、黄鳝无公害饲料的要求

一、配合饲料的安全卫生要求

配合饲料所用的原料应符合各类原料标准的规定，不得使用受潮、发霉、生虫、腐败变质及受到石油、农药、有害金属等污染的原料；皮革粉应经过脱铬、脱毒处理；大豆原料应经过破坏蛋白酶抑制因子的处理；鱼粉质量应符合 SC 3501 的规定；鱼油质量应符

合 SC/T 3502 中二级精制鱼油的要求；使用药物添加剂种类及用量应符合农业部《允许作饲料药物添加剂的兽药品种及使用规定》中的要求。

配合饲料安全卫生指标，可遵照《无公害食品　渔用配合饲料安全限量》（NY 5072—2001）所规定的标准参照执行（表 3-8）。

表 3-8　渔用配合饲料的安全限量

项目	限量	适用范围
铅(以 Pb 计)/(毫克/千克)	≤7.5	各类渔用饲料
汞(以 Hg 计)/(毫克/千克)	≤0.5	各类渔用饲料
无机砷(以 As 计)/(毫克/千克)	≤7.5	各类渔用饲料
镉(以 Cd 计)/(毫克/千克)	≤3	虾类配合饲料
	≤0.5	其他渔用配合饲料
铬(以 Cr 计)/(毫克/千克)	≤10	各类渔用饲料
氟(以 F 计)/(毫克/千克)	≤350	各类渔用饲料
喹乙醇/(毫克/千克)	不得检出	各类渔用饲料
游离棉酚/(毫克/千克)	≤300	温水杂食性鱼类、虾类配合饲料
	≤150	冷水性鱼类、海水鱼类配合饲料
氰化物/(毫克/千克)	≤50	各类渔用饲料
多氯联苯/(毫克/千克)	≤0.3	各类渔用饲料
异硫氰酸酯/(毫克/千克)	≤500	各类渔用饲料
噁唑烷硫酮/(毫克/千克)	≤500	各类渔用饲料
油脂酸价(KOH)/(毫克/千克)	≤2	渔用育成饲料
	≤6	渔用育苗饲料
	≤3	鳗鲡育苗饲料
黄曲霉毒素 B_1/(毫克/千克)	≤0.01	各类渔用饲料
六六六/(毫克/千克)	≤0.3	各类渔用饲料
滴滴涕/(毫克/千克)	≤0.2	各类渔用饲料
沙门菌/(cfu① /25 克)	不得检出	各类渔用饲料
霉菌(不含酵母菌)/(cfu/克)	≤3×10⁴	各类渔用饲料

①cfu 指菌落形成单位。

对于使用未经加工的动物性饲料，必须进行质量检查，合格之后方可使用。投饲的鲜、动植物饲料一般应经洗净之后再消毒，方可投喂。消毒处理可用含有效碘1%的30毫克/升聚维酮碘浸泡15分钟。

水产饲料中药物添加应符合NY 5072—2001的要求，不得选用国家规定禁止使用的药物或添加剂，也不得在饲料中长期添加抗菌药物。配合饲料不得使用装过化学药品、农药、煤炭、石灰及其他污染而未经清理干净的运输工具装运。在运输途中应防止暴晒、雨淋与破包。装卸过程中应小心轻放。

配合饲料产品应储存在干燥、阴凉、通风的仓库内，防止受潮、鼠害、受有害物质污染和其他损害。产品堆放时，每垛不得超过20包，并按生产日期先后顺序堆放。产品应标明保质期，在规定条件下储存，产品保质期限为3个月。

二、无公害泥鳅、黄鳝的安全卫生要求

养殖无公害商品泥鳅、黄鳝必须符合《无公害食品　水产品中有毒有害物质限量》（NY 5073—2001）的要求（表3-9）。

表3-9　水产品中有毒有害物质限量

项目	指标
汞(以Hg计)/(毫克/千克)	≤0.5(其他水产品)
甲基汞(以Hg计)/(毫克/千克)	≤0.5(所有水产品)
砷(以As计)/(毫克/千克)	≤0.5(淡水鱼)
铅(以Pb计)/(毫克/千克)	≤0.5(其他水产品)
镉(以Cd计)/(毫克/千克)	≤0.1(鱼类)
铜(以Cu计)/(毫克/千克)	≤50(所有水产品)
硒(以Se计)/(毫克/千克)	≤1.0(鱼类)
氟(以F计)/(毫克/千克)	≤2.0(淡水鱼类)
铬(以Cr计)/(毫克/千克)	≤2.0(鱼贝类)
甲醛	不得检出(所有水产品)
六六六/(毫克/千克)	≤2(所有水产品)
滴滴涕/(毫克/千克)	≤1(所有水产品)

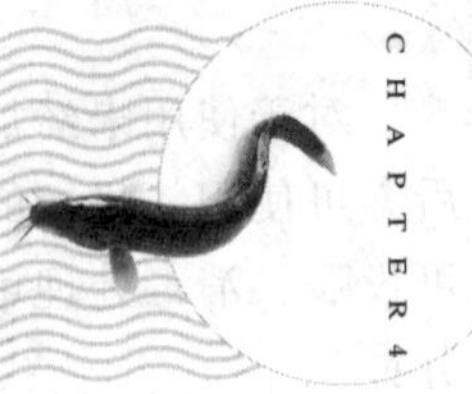

第四章

泥鳅、黄鳝的科学饲养管理

第一节 泥鳅的无公害饲养管理

泥鳅的无公害饲养管理包括泥鳅的人工繁殖、苗种培育以及各种方式的人工养殖。而泥鳅的成鱼养殖是将泥鳅种养成每千克80～100尾，每尾体重10克以上的商品泥鳅，一般养殖期为1年。泥鳅主要的养殖方式有池塘养殖、水泥池养殖、稻田养殖、网箱养殖、木箱养殖等。

一、泥鳅的人工繁殖

1. 亲鳅的选择

亲鳅来源一是从稻田、池塘、沟渠、河川等水体中捕捉；二是从专塘越冬池中挑选亲鳅；三是从市场购买。

选择的亲鳅必须是体质健壮、体形端正、体色正常、无伤无病的雌雄亲鳅。亲鳅的个体要大些为好，雌鳅要体长15厘米以上、体重20克以上，腹部膨大，富有弹性；雄鳅体长在10厘米以上、体重15克以上，行动活泼，胸鳍上有追星。

2. 泥鳅的自然繁殖

泥鳅自然繁殖的时间，长江以南一般在4月份开始。繁殖前先将产卵池（水泥池或土池）用生石灰进行消毒，按每亩75千克化水后全池泼洒，然后注入新水，7天后药性消失，即可放养亲鳅。土池每亩放养600～800尾，水泥池每平方米放养300克左右，按雌雄亲鳅比例为1∶2或1∶3放入池中。

当水温上升到20℃左右时，就要在池中放置棕片、柳树须根等做的鱼巢（图4-1）。放置鱼巢后要经常检查并清洗上面的污泥

图 4-1　鱼巢的放置方法

沉积物，以免泥鳅产卵时影响卵粒的黏附效果。泥鳅喜在雷雨天或者水温突然升高的天气产卵。产卵多在清晨开始，至上午 10 时左右结束，产卵过程需 20～30 分钟。产卵时亲鱼追逐激烈，高峰时雄鳅以身缠绕雌鳅前腹部位，完成产卵受精过程。产卵后，要及时取出粘有卵粒的鱼巢另池孵化，以防亲鱼吞吃卵粒。同时补放新鱼巢，让未产卵的亲鱼继续产卵。产卵池要防止蛇、蛙、鼠等危害。在水温 25℃左右，1～2 天即可孵出幼苗。

3. 人工催产繁殖

（1）育苗池　应建亲鳅培育池，面积可为 10～20 米^2（池深 1 米）；催产、孵化池，面积可为 5～10 米^2（池深 1 米）；育苗池，面积可为 20～40 米^2（池深 1 米）。水泥池边底平整，呈长方形，池边设注排水管道，所有水泥池在使用前 7 天左右用水浸泡、消毒。

（2）亲鳅的培育　亲鳅培育池在使用前 7～10 天，池底铺 20 厘米肥泥，每平方米用 150～200 克生石灰泼洒全池消毒，注水 40～50 厘米。注水用 40 目筛绢过滤，防止有害生物入池。在注排水口用铁丝网设置防逃网。

5月初水温稳定在18℃左右后，选择体长15～20厘米、体重30～50克、体质健壮、无病无伤、性腺发育良好的泥鳅作为亲鱼，按雌雄比1∶2放入培育池中进行强化培育，放养密度8～10尾/米²。培育期间主要投喂动物碎肉、动物碎内脏、鱼粉等动物性饲料，日投饵量占亲鳅体重的5%～8%，并辅以少量米糠、麦麸及鲜嫩水草等植物性饲料。由于泥鳅喜欢夜间觅食，投喂应以傍晚为主。每2～3天换新水一次，每次换池中1/4～1/3的水。

(3) 人工催产　在晴天水温达到20℃以上后，从培育池中选择性腺发育成熟的亲鳅（雌鳅腹部圆大，轻压腹部有无色透明的卵粒流出，雄鳅精液充沛，挤压腹部有乳白色精液流出）进行人工催产，雌雄比例为1∶(1～1.5)。

人工催产可采用肌内注射和腹腔注射（图4-2），每尾雌鳅注射的剂量为：鲤鱼脑垂体0.5～1个或青蛙脑垂体2～3个，绒毛膜促性腺激素（HCG）1～3国际单位，或促黄体生成素释放激素类似物（LRH-A）5～10微克，雄鳅剂量减半。将激素用生理盐水（0.7%氯化钠）配成溶液，采用1毫升注射器和四号针头进行注射。肌内注射在背鳍前下方两侧，针头朝头部方向与亲鳅呈45°角，插针深度约0.4厘米，雌鳅注射0.2毫升，雄鳅减半。腹腔注射在腹鳍前约1厘米的地方，将注射器朝头部方向呈30°角注射，进针深度0.2～0.3厘米。

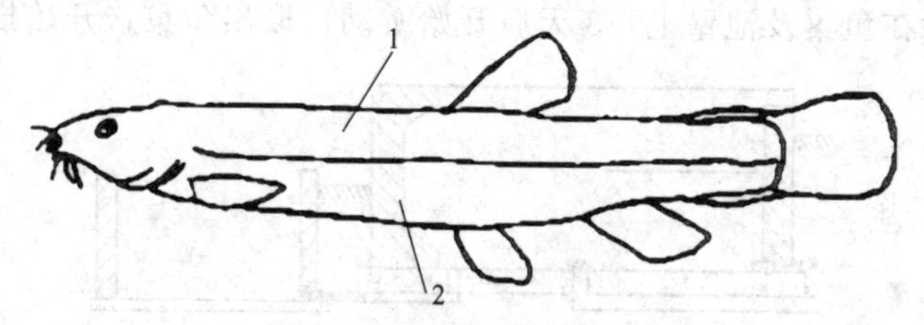

图4-2　人工催产注射部位

1—肌内注射；2—腹腔注射

注射后的亲鳅为便于人工授精，雌雄分别放入培育池的网箱中，观察发情产卵，适时进行人工授精。雌、雄亲鳅在注射后的效应时间见表4-1。

表 4-1　雌、雄亲鳅注射后的效应时间

水温/℃	20	23～25	25～26	28～32
效应时间/小时	18～20	12～14	10	6～8

（4）人工授精　雌鳅产卵前在前面游，雄鳅在后面紧追，泥鳅发情活动多在水表面。注射催产剂的亲鳅在水温 20℃左右，经 20 小时即可发情产卵。发现雌鳅产卵，立刻将亲鱼捞出进行干法授精。用干净毛巾擦干体表水，将雌鳅卵挤入瓷碗、瓷盆或塑料盆中，并立刻进行雄鳅挤精。因雄鳅精液很难挤出，也可剖腹取精（雄鳅精巢在脊椎两侧，呈乳白色），精巢取出放入研钵内，每尾雄鳅精巢加入 15～20 毫升林格氏液保存备用。一尾雌鳅卵配 2 尾雄鳅精液，经羽毛搅拌约 3 分钟，使精液和卵粒混匀，充分受精后，撒在鱼巢上，放入孵化池中进行静水或流水孵化。鱼巢由洗净的柳树根、小草扎成小束做成，用 20 毫克/升高锰酸钾溶液消毒。整个受精过程避开强光。

（5）人工孵化　孵化前 10 天，孵化池（图 4-3）用生石灰彻底消毒，待药效消失，注水 30 厘米，把粘满卵粒的鱼巢扎在竹竿架上，用石头坠入水面下，每平方米 2 万～3 万粒卵。池顶覆盖帆布，避免强光照射。水温 20℃左右时，3～4 天即可孵出鱼苗。刚孵出的泥鳅苗体长 2.5～3.6 毫米，不能自由活动，用头上的黏液腺吸附在鱼巢及池壁上，3 天后开始游动，取出鱼巢，开始投喂。

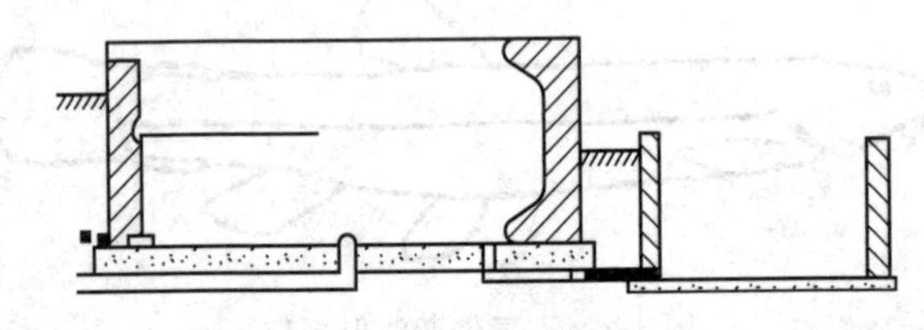

图 4-3　孵化池

孵化期间为防止水质恶化，胚胎发育缺氧死亡，应定期向池中加入新水，保持水质清新，溶解氧充足。当仔鱼全部出膜后，迅速把死卵捞出，以免卵子腐败造成水质恶化。

二、无公害泥鳅杂交以及多倍体育种

1. 泥鳅杂交育种

由于泥鳅地方品系众多，有些不同地方品系之间的杂交后表现出明显的杂交优势，而且可以改良一些地方品系的弱点，所以杂交育种在泥鳅生产中也有很广泛的应用。一般我国大陆本地泥鳅与来自我国台湾以及日本、美国的泥鳅杂交都可以获得明显的杂种优势。

(1) 亲鱼培育　以条件适宜的6～7月作人工孵化计划，预计从4月前后水温开始上升时，就开始作雌、雄亲鱼分别蓄养的准备。为了使其性腺不退化，必须每天投喂质量好的饵料，水质管理也必须十分注意，水温控制在25℃左右。另外，虽然雌、雄亲鱼此时要进行同样的管理，但要将雌、雄亲鱼分别在不同的池子中蓄养。

(2) 人工授精　进行人工苗种生产，必须有怀卵的雌亲鱼，具备可确保室内温度的设备条件，有可供进行人工孵化的场所。一般以养殖池水温上升到能够进行养殖的6月中旬前后进行苗种生产的情况比较普遍。当然，也有根据具体条件和生产性质在其他时期进行泥鳅苗种生产的。

催产剂用动物用排卵促进剂（促性腺激素），以雌亲鱼每克体重50单位的比例溶于0.5%生理盐水中，在其臀鳍偏向头部方向的内脏和皮之间每尾注射0.4毫升。雌亲鱼的体重如果是20克的话，那么激素的单位为每尾1000单位，该体重的亲鱼每尾产卵量可达0.8万～1.0万粒。

进行激素注射时，先用白色干净布将亲鱼包住，使之不动，但必须避免使用麻醉药物来制止亲鱼活动的方法。另外，激素用市场出售的动物用排卵促进剂的效果是可靠的，而用蛙的脑下垂体等药物的效果不稳定，最好不采用。

一般进行激素注射，以第二天早晨进行授精作业，当天晚上6点前后进行注射较好。但是，这是指在能够进行正确的注射的情况下。通常，将雌亲鱼注射后，装网袋浸入水温为25℃的玻璃钢水槽中。这样一来，网中的雌亲鱼若临近产卵期，雄亲鱼就聚集在装进雌亲鱼的网边，产卵时期也就能够明显地看出来。

如果达到产卵适宜时期，必须马上进行授精。按雌、雄为1∶1.5的比例，从水槽中取出必要的亲鱼，将雄亲鱼放入盛浓食盐水的容器中杀死。在食盐水中，我国产的泥鳅雄亲鱼经过5～6分钟即停止活动，然后拿到案板上从脊背分开，可见沿着中脊骨附着两个白色对称的棒状精巢。把精巢用镊子取出，溶于盐度为5‰的食盐水中。精液准备好后便在特制的孵化器中进行人工授精。一般是在孵化器中注入30厘米深的水，然后置于水池中使之浮起。在孵化器中，用左手轻轻挤压被布包裹的雌亲鱼的腹部使之产卵，用右手持注射器取20毫升精液，把产在孵化器里的卵用均匀的精液冲洗使之受精。此时使受精卵均匀分布，卵与卵之间相距1毫米左右，进行这种操作要熟练。

随着卵的发育，溶解氧需要增多，溶解氧不足的情况下应采取充气措施，水温控制在20℃，做好受精卵管理。另外，在受精后大约30分钟，用抗菌药物进行消毒处理，最好用喷壶沿着孵化器均匀喷洒。

(3) 受精卵管理　受精卵受精后大约30分钟，发生第一次卵裂。这时应用注射器或吸管取出。受精卵呈现出美丽的米黄色光泽。受精后，随着水温的提高，溶解氧含量降低则影响孵化，特别是囊胚期——受精后10小时左右是最重要的时期。如果经过24小时受精卵仍呈现米黄色的光泽，那么其后在稍微差的条件下也能够孵化。完全受精但不孵化的情况，则大多数是因从囊胚期溶解氧不足和水温低引起的。受精后超过24小时，用显微镜观察，正常情况下能够看到背骨和眼。此时可照原样进行孵化。卵孵化的快慢受水温条件的影响，但在卵膜中的稚鱼开始活动的话，则采取提高水温、一气呵成的方式孵化效果较好。

(4) 稚鱼的喂食和管理　孵化后的稚鱼，因水温条件的不同而使其生长有所区别。投饵的适宜时期，也就是稚鱼开始摄食的时期。如果水温是23℃左右，则是在第4天前后；如果是25℃左右，则是在第2天前后。因此，假如孵化后第4天开始喂食，那么从孵化后第2天预备另外一个水槽，在那里注入浓度2%的食盐水，然后放入卤虫，进行孵化，使其与稚鱼摄食量一致。孵化出来的卤虫幼体在投喂稚鱼前，要经过网过滤，再用淡水冲洗。因为是用盐水孵化的饵料，经过淡水冲洗干净再投喂就不会造成稚鱼死亡。

饵料投喂要均匀。投饵后大约30分钟，能够看到稚鱼体内有卤虫幼体的颜色，说明投喂时机是适宜的。每天1次，持续7天，而后逐渐用水蚤类或鳗鱼用的鱼食替换。如果以水蚤类为主继续投喂的话，稚鱼的育成速度则很快。喂食后1周，稚鱼长到5毫米左右，应移入大型水槽中并实施充气管理。苗种达到体长2.5～3厘米需20～30天，体重可达0.1～0.8克。

2. 多倍体泥鳅的选育

泥鳅除了二倍体，还广泛存在天然三倍体、四倍体，甚至其他更高倍性的个体。由于多倍体鱼类个体大、生长快、育种潜力大，因此天然四倍体泥鳅的开发与利用具有广泛的应用前景。我国的泥鳅主要分为二倍体和四倍体两种类型，并且都有广泛的地理分布，这种天然的多倍体与二倍体共存现象使得泥鳅成为育种的理想原材料。我国二倍体泥鳅主要分布于四川、广西、黑龙江、河北、神农架、太湖等地，而四倍体主要分布于广东韶关、湖北武昌和沙市等地。

(1) 亲鱼的选择　泥鳅在2龄时性成熟，性成熟个体中雌鱼多大于雄鱼，在外形上亦有很大差别。

① 雄鱼　雄鳅个体稍小于雌鳅，胸鳍狭长，呈镰刀状，末端尖而翘起。胸鳍的第二根鳍条硬，长于其他鳍条，末端尖，基部有突起的骨质结构。

② 雌鱼　胸鳍宽而短小，末端钝圆，呈舌状，胸鳍的第二和第三鳍条长度基本相等，静止时鳍条可以同时展放在一个平面上。腹部圆大，生殖孔外翻，呈红色。在腹鳍上方的体侧，产过卵的雌鱼有一白色圆斑。

按照上述标准选择无病无伤、体表无黏液脱落、体质健壮、体色正常、活力强的个体作为备用亲鱼。用一次性无菌注射器抽血0.05～0.1毫升，流式细胞计数法鉴定每条鱼的倍性，要求：雌鱼体长20厘米以上，腹部要膨大，松软且有弹性，卵巢轮廓明显；雄鱼体长15厘米以上，轻压腹部有白色精液从生殖孔流出。

（2）催产剂的注射　催产剂的注射采用背部肌内注射法，用LHRH-AZ＋DOM混合注射，注射量为雌鳅每尾0.3毫升，雄鳅剂量减半。

（3）人工授精及杂交　人工杂交及授精操作需在室内进行，以免阳光中的紫外线杀伤卵子和精子。在水温18～25℃时，注射催产剂10～15小时后，检查雌鳅，轻压腹部，如有卵粒呈线状流出，比例达到70％以上，即可进行人工杂交。因雄鳅精巢发育同步性差，往往很难挤出足量的精液，因此一般采取杀雄鳅取精的方式。

人工将各亲鱼的卵挤入培养皿中，每尾鱼的卵用一个培养皿盛放。将卵质较好的6尾二倍体和4尾四倍体泥鳅的卵按照倍性水平分别标好，用于下一步的杂交试验。二倍体和四倍体的雄鳅分别取6尾，MS-222麻醉后，杀死亲鱼取出精巢，选性腺成熟度较好的二倍体和四倍体的雄鳅性腺，剪碎，人工授精。

三、泥鳅的无公害苗种培育

刚孵出的鳅苗体长约3毫米，身体幼嫩、透明，不能自由活动，常横卧水底，有时上游后又沉入水底，或用头部附着在鱼巢和其他物体上，以卵黄囊为营养。孵化后3天，卵黄囊被吸收完，苗已能自由活动，并开始摄食，这时可将鳅苗转到培育池中饲养。

1. 鳅苗培育

（1）培育池的准备　培育池为水泥池或土池均可。面积30～50米^2，池深70厘米左右。如用水泥池，池底要铺20厘米肥泥，水深20～30厘米。培育池在使用前7～10天用生石灰消毒，池底铺10厘米左右的腐熟粪肥作基肥，注新水20～30厘米，待水色变绿色，透明度20厘米左右，放入泥鳅苗进行培育。

也可利用孵化池、孵化槽、产卵池及家鱼苗种池作为泥鳅苗培育池。

(2) 鳅苗优劣的判别

① 好的鳅苗体色鲜嫩，体形匀称、肥满，大小一致，游动活泼有精神。

② 将少量苗放于盆中，用手顺时针搅动水，其中逆水游动者多数较优。

③ 将盛苗盆中的水沥去，鱼体剧烈挣扎，头尾弯曲厉害，说明鳅苗体质好。

(3) 鳅苗的放养　一般静水池每平方米放800～1000尾，半流水池每平方米放养1500～2000尾。放养时，同一个池中要放同一天孵出的鳅苗，否则规格相差太大，会出现大苗吞小苗现象，影响成活率。

放苗时，可先在池中放一只网箱，将挑来的规格一致的鳅苗放入网箱暂养，喂1～2个蛋黄。然后在网箱上风头轻轻放入鱼苗，放入鱼苗时勿将水弄混浊。在网箱中暂养半天后即可移入池塘。

(4) 投喂管理　放养初期培育水质应与投喂相结合。在实际生产过程中通常采用豆浆培育和施肥培育两种方法。

① 豆浆培育　豆浆不仅是鳅苗的饲料，还可以培育水体中的浮游动物。一般鳅苗下塘后5～6小时开始投喂，每天泼洒2次。投喂时，要全池泼洒，力求细而均匀，落水后呈雾状。投喂量应视池塘肥瘦、施肥情况而定。一般每万尾鳅苗用豆浆5～6千克。为提高投喂质量，豆浆须是用水温25～30℃浸泡6～7小时的黄豆磨的，一般每千克黄豆可磨15千克豆浆，每千克豆饼可磨10千克豆浆。磨浆时，要将黄豆和水同时加入，不能磨好后再加水冲稀，否则会产生沉淀。磨好的豆浆要及时投喂，以防变质。

② 施肥培育　施用经发酵腐熟的畜禽粪、堆肥、绿肥等有机肥或无机肥培肥水质，以培育鳅苗喜食的饵料生物。一般水温在25℃时，施入有机肥后1周轮虫生长达到高峰，并能维持3～5天，之后随鳅苗摄食，其数量会迅速降低，这时要适当追施肥料。除施

肥之外，尚应投喂一些熟蛋黄、豆饼粉、鱼粉等。投喂量占鳅苗体重的5%～10%。上午、下午各喂一次。

上述两种方法还可以混合使用。饲养1周后，鳅苗体长约8毫米，还可沿边投喂剁碎的蚯蚓、蚕蛹等动物饲料。经20天左右培育，苗体可达1.5厘米以上，此时可投喂昆虫、昆虫幼体和有机碎屑等食物，投喂打碎的动物内脏、血粉、鱼粉等动物性饲料及米糠、豆粉、玉米粉、豆饼屑之类的精饲料。每天上午、下午各投喂一次，开始日投喂量占泥鳅体重的2%～5%，以后随着泥鳅的生长，日投量可增加到10%。投喂量不宜过多，否则鳅苗大量摄食，会引起消化不良，尤其是投喂高蛋白质或单一饵料时，易使鳅苗腹部膨胀而浮于水面，造成大批死亡。

（5）日常管理　饲养期间除每天巡塘、清除敌害外，特别要防止池水缺氧。因为鳅苗在孵化后半个月左右才开始进行肠道呼吸，在这之前池水溶解氧一定要充足，否则会导致全池鳅苗死亡。另外，放养初期水位应保持在30厘米，每5天添加一部分水量。通过控制施肥、投饵保持水色。生长后期，逐步加深水位达50厘米。

鳅苗经1个多月的培育，苗体长可达3～4厘米，此时应进行分池，转入鳅种池或池塘饲养。

（6）分养　当鳅苗大部分长成3～4厘米的夏花时，要及时进行分养，避免密度过大和生长差异，影响生长。分塘起捕时，如发现鳅苗体质较差，应立即放回强化饲养2～3天后再起捕。分塘操作要轻，将夏花捕起，集中于网箱中待筛选分塘。用泥鳅筛子筛选出不同规格的夏花，分别放入不同池中分养。泥鳅筛长和宽均为40厘米、高15厘米，底部用硬木做成栅条，四周以杉木板围成。

2. 鳅种培育

经1个多月培育，长至3～4厘米的夏花鳅苗已有钻泥习性，这时可以转入鳅种池中饲养。目前，鳅种培育一般有两种办法，即鳅种池培育和稻田培育。

(1) 鳅种池培育　鳅种池一般面积为50～100米^2，水深40～50厘米。池壁用砖石砌成，无漏洞，池壁高出水面40厘米，设进、排水口和防逃设备。池底铺20～30厘米肥泥，在排水口附近开挖3～5米^{2}的鱼溜，深30厘米，以便捕鳅种。鳅苗下池前也要清池消毒，并施足基肥，培养浮游生物。

放养密度为每平方米500～600尾，要将规格相同的鳅苗放入同一鳅种池中。鳅苗下池后，除施肥培养浮游生物外，也可投喂人工配合饲料。在鳅苗下池后的前10～15天投喂粉状配合饲料，调成糊状投喂。随着鳅苗的生长，逐渐掺入成鳅饲料，即将豆饼、米糠、小麦粉等植物性饲料煮熟，加上蚕蛹、鱼肉、动物内脏等动物性饲料，剁碎后拌上配合饲料投喂。人工配合饲料中的动物性和植物性饲料的比例为6∶4，用豆饼、菜饼、鱼粉（或蚕蛹粉）、血粉等配成。若水温升至25℃，饲料中动物性饲料比例可提高到80%以上。

日投喂量占鳅种总重的3%～5%，而且要根据天气、水质、水温、饲料质量和摄食情况灵活掌握，每天上午、下午各投喂一次，一般以1～2小时内吃完为宜。每天投饵应投喂在饵料台上，以便观察。

饲养期间要注意水质变化，经常加注新水，保持池水黄绿色，池水呈黑褐色时应立即换水。其他日常管理可参照鳅苗培育中的日常管理进行。

经3个月左右的饲养，可培育出体长8厘米、体重5～6克的大规格泥鳅种。

(2) 稻田培育　稻田养鳅种也是培育鳅种的有效途径，用施肥和投饲相结合的办法培育。

一般培育鳅种的稻田不宜太大，须设沟凼设施。放养前3天，每亩先施基肥50千克。每平方米放养鳅种50～100尾。

饲养期间，还应在鱼凼中及时追肥，追肥量为每亩100千克。饲养可投喂人工饲料，如鱼粉、鱼浆、动物内脏、蚕蛹、猪血粉等动物性饲料，以及谷物、米糠、大豆粉、麦麸、蔬菜、豆粕等植物性饲料。随着泥鳅的生长，在饵料中应逐步增加配合饲料的比重。人工配合饵料可用豆饼、菜饼、鱼粉或蚕蛹粉和血粉配制而成。饵料应投在食台上，使泥鳅习惯集中摄食，否则到秋季难以集中捕捞。

平时注意清除杂草，调节水质。到7月份稻田除草时，稻苗隔行敷入干草或烂稻草，用以培育鳅种的天然饵料生物。当鳅苗长成全长6厘米以上、体重5～6克时，便成为大规格鳅种，可转入成鳅池饲养。

四、泥鳅无公害池塘养殖

1. 养殖池塘的建造

养殖成鳅的池塘面积以1～3亩为宜，池深0.8～1.5米。池土应以保水性强的黏土或壤土为好，池壁有一定倾斜，并用砖、石护坡，池底必须夯实；同时，在排水口附近挖一面积数平方米、深20厘米左右的集鱼坑，以便捕获。进、排水口及溢水口须设防逃栅。土池结构见图4-4。

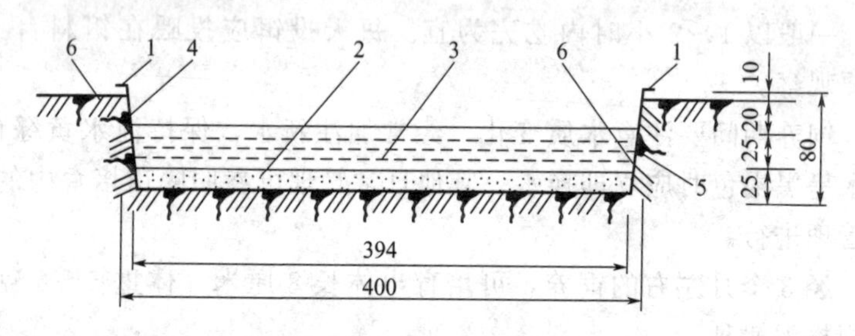

图4-4　土池结构（单位：厘米）

1—池壁；2—底泥；3—池水；4—进水口；5—出水口；6—网罩

2. 天然苗种的驯养

天然水域的泥鳅，长期栖息在水田、河湖、沼泽及溪坑等淡水中，白天极少游到水面活动，夜间到岸边分散觅食。因此，利用天然鳅苗在池塘里进行养殖，必须经过驯养。

一般驯养从下塘后的第二天晚上开始，先投少量人工配合饲料，分几个食台放，吃完后再投，以后每天逐步推迟 2 小时投喂，并且逐渐减少食台个数，这样过 10 天左右，鳅种即可适应池塘的生活环境，便由夜间分散觅食转到白天集中食台摄取配合饲料。人工培育的鳅种，从小进行人工投喂饲养，放养后不必驯养。

3. 鳅种的放养

放养鳅种前，池塘要用生石灰清塘消毒，一周后注水 40～50 厘米，并施基肥培育水质，每 100 米^{2}施有机肥 50～60 千克，堆在池边四角浅水处。施肥 4～5 天后，池中有大量浮游动物繁殖，鳅种即可下池。每平方米放养体长 5 厘米左右的鳅种 40～50 尾，即每亩放养 2.6 万～3.3 万尾。最初也可将鳅苗放于网箱内暂养（图 4-5），待鳅苗能吃饵后，再将鱼池灌水 40 厘米，随着泥鳅的生长，逐步把水加深至 80 厘米左右，原则上平时可浅些，高温季节可深些。

图 4-5 鳅种暂养网箱

4. 饲养投喂

在养殖过程中，除施肥培养天然饵料外，还应投喂人工饲料。鳅种下池后，要根据水质肥瘦适时追肥，一般每月追肥一次，每次每百平方米追肥 10～15 千克，使池水呈黄绿色，透明度在 20 厘米。投喂的人工饲料有动物性饵料（如蚕蛹、蚯蚓、猪血粉、鱼粉、动物内脏等）和植物性饵料［如饼、米糠（煮熟）、菜饼、谷物等］。如能将上述饵料做成配合饲料投喂，效果更好。

泥鳅的摄食与水温密切相关，水温在20℃以下，泥鳅摄食60%～70%的植物性饵料；水温在20～23℃，摄食的植物性饵料和动物性饵料各占50%；水温23～28℃，摄食60%～70%的动物性饵料。每天上午、下午各投喂一次，投喂应随水温不同而改变。一般水温15℃时，日投饵量为2%；随着水温的升高，日投饵量可增加到7%～8%；在水温22～28℃的生长旺季，日投饵量可增加到10%～15%；水温高于30℃或低于10℃时，可少喂或不喂。投喂时，将饵料做成具黏性的团块状，放入饵料台内，沉入水底。饵料台可设2～3个，夏季高温时，要在饵料台上面搭遮阴棚。

5. 日常管理

有条件的池塘，应在池边种植一些凤眼莲、蕹菜、慈姑、水浮莲等水生植物供泥鳅遮阴，水生植物占池塘面积的10%左右。这样既可以净化水质，水生植物的嫩芽又可以被泥鳅摄食。

养殖泥鳅的水要“肥、活、嫩、爽”。养殖期间，要注意不断地加水或换水，一般每7～10天换水1～2次，每次换水30厘米左右。严禁农药和化肥水流入池内。当水温超过30℃时，泥鳅便钻入泥中避暑，这时更应注意勤灌新鲜水，以增加水中氧气和调节水的温度。如果池内水呈褐色或泥鳅时时窜上水面，就表明水中缺氧，要停止施肥并及时灌入新鲜水。

饲养期间要经常巡塘，做好防逃、防病工作。发现漏洞要及时堵塞，定期清扫和消毒食台。

一般规格5厘米（体重2克左右）的鳅种，经1年的养殖可产出达10克以上的商品泥鳅。

五、泥鳅无公害水泥池养殖

泥鳅的无公害水泥池养殖分为有土饲养（也称庭院式养殖）和无土流水饲养（也称工厂化养殖）两种方式，可以根据养殖条件和饲养规模来选择。日本的泥鳅养殖多采用多孔材料代替泥土进行无土流水立体养殖，养殖密度可提高4～10倍，并且泥鳅口味好。无土流水养殖解决了捕捞不方便、劳动强度大、起捕率不高的问题，为大规模生产泥鳅开辟了广阔的前景。

1. 水泥池建造

水泥池一般面积为100～200米^2，可建成地下式、地上式或半地上式。池壁多用砖、石砌成，水泥光面，壁顶设约10厘米的防逃倒檐。水泥池池底必要时应先打一层“三合土”，其上铺垫一层油毛毡或加厚的塑料膜，以防渗漏，然后再在上面浇一层厚5厘米的混凝土。应设独立的进排水口、溢水口。池底应有2%～3%的坡度，以使水能排尽。进水口高于池水水面，排水口设在池底集鱼坑的底面。

集鱼坑大小根据池子大小建造，一般坑深30厘米，面积1～3米^2，或开50厘米宽、200厘米长、30厘米深的沟，以便泥鳅避暑和捕捞时用。

（1）有土饲养　回填到池底的泥土最好用壤土而不能用黏土，厚度为20～30厘米。在集鱼坑四周应设挡泥壁，并在泥面水平处设一个排水口，以便换水。池深为0.7～0.8米。

（2）无土流水饲养（图4-6）　池深为0.5米。池中放置长25厘米、孔径16厘米的多孔管。每6根为一排，每两排扎成一层，每三层垒成一堆，每平方米放置2～3堆。

鳅池建成后，可在池内种植一些水生植物（如凤眼莲、水浮莲、浮萍等）。

2. 放养前的准备

放养前10～15天，要清池消毒，按每平方米100～150克生石灰消毒，也可在日光下暴晒3～4天。7天后加注新水，池水深20～30厘米。在有土饲养时，苗种放养前7～8天，在池中堆放禽畜粪便有机肥，用量为每平方米0.3～0.5千克，并将池水加深至40～50厘米。数天后即可培育出水蚤等水生动物。放苗前，池水透明度应保持在20～30厘米。

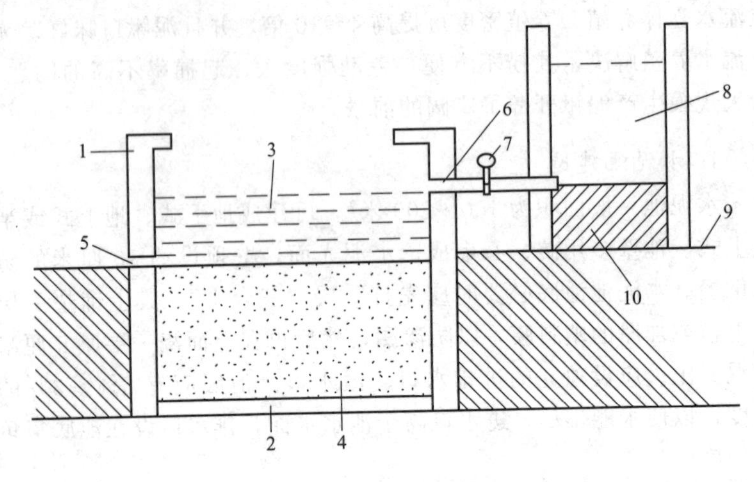

图 4-6 无土流水饲养池

1—池壁；2—池底；3—池水；4—淤泥；5—出水孔；6—进水孔；
7—阀门；8—蓄水池；9—地面；10—蓄水池池底

3. 放养密度

在有土饲养时，一般在每平方米可放养鳅苗（体长 1 厘米）500～1000 尾，放养体长 3～4 厘米夏花鳅种 100～150 尾，体长 5 厘米以上则可放养 50～80 尾。

在无土流水养殖时，一般每平方米可放养体长 3～4 厘米夏花鳅种 300～400 尾，体长 5 厘米以上则可放养 150～200 尾。

4. 饲养投喂

在水泥池养殖过程中，饲料最好以配合饲料为主、动物性饵料为辅。除了可购买专用全价配合饲料之外，也可自行配制配合饲料，如小麦粉 50%、豆饼粉 20%、菜饼粉 10%（或米糠粉 10%）、鱼粉 10%（或蚕蛹粉 10%）、血粉 7%、酵母粉 3%。自制配合饲料须将原料搅拌均匀，饲料和水的比例为 1∶1。

动物性饵料要适口、新鲜，可选择当地数量充足、较便宜的饵料，这样不致使饲料经常变化，而造成泥鳅阶段性摄食量降低。

投喂饲料要严格按“四定”原则。即：“定时”，每天 3 次

(8:00、14:00和18:00);“定量”,根据泥鳅生长不同阶段和水温变化,在一段时间内投喂量(5%～15%)相对恒定;“定点”,每100米^{2}池中设直径30～40厘米固定的圆形食台,食台距池底约5厘米,驯化到投饲上台;“定质”,做到不喂变质饲料,饲料组成相对恒定。每天投喂量应根据天气、温度、水质等情况随时调整。当水温高于30℃时和低于12℃时少喂,甚至停喂。要抓紧开春后水温上升时期的喂食及秋后水温下降时期的喂食,做到早开食、晚停食。

5. 日常管理

要坚持巡塘检查,主要检查水质,看水色,观察泥鳅活动及摄食情况等。

在有土养殖中,要经常观察水体透明度及水色,如果透明度有降低趋势,则说明浮游植物繁殖过盛,可稍加抑制,或换注新水。还要防止浮头和泛池,特别在气压低、久雨不停或天气闷热时,如池水过肥极易浮头、泛池,应及时冲换新水。清晨若发现大量泥鳅浮头、蹿跳时不要轻易增氧,可拍掌惊扰,如果泥鳅顷刻入水则属正常,如果无动于衷,则须立即增氧。

而在无土流水养殖中,由于水体透明度较大,水中溶解氧较丰富,一般不会缺氧。

在每天投喂时应注意观察泥鳅的聚集、摄食情况,定期检查泥鳅的生长状况,如果放养的泥鳅生长差异显著,应及时按规格分养,避免生长差异过大而相互影响。

泥鳅的逃逸能力很强,尤其在暴雨时应注意防范。水泥池中还要定期消毒,以防病菌滋生。

六、泥鳅无公害稻田养殖

稻田养鳅是一种无公害生态养殖的方式,而且成本低、收效快、经济效益高,是较稻田养鱼更有前途的养殖方法。稻田养鳅还具有保肥、增肥、提高肥效、除虫等作用,对促进水稻优质高产有较大作用,因而很适合推广。

1. 稻田选择

选择水质良好、排灌方便、日照充足、温暖通风、交通方便的稻田进行养鳅最为适宜。土质要求微酸性、黏土、腐殖质丰富为好。在黏质土水体中生长的泥鳅，体色黄、脂肪多、骨骼软、味道鲜；相反，在沙质土水体中生长的泥鳅，体乌黑、脂肪少、骨骼硬、肉质差。因此，养鳅稻田的土质以黏质土为佳。若在土质中混加腐殖土，则更有利于泥鳅的天然饵料繁殖，促进泥鳅生长。田块不宜过大，一般1～3亩即可。

2. 稻田改造

放养前，要加高加固田埂。田埂的高度和宽度应根据需要而定，一般埂高50厘米，宽30厘米。田埂至少要高出水面30厘米，且斜面要陡，堤埂要夯实，以防裂缝渗水倒塌。堤埂内侧最好用木板或水泥板挡住，木板或水泥板要埋入地下20～30厘米。进出水口也要用聚乙烯网片拦好，高出埂面20～30厘米，起防逃作用。

稻田要开挖围沟和田间沟（图4-7）。围沟一般宽2～3米、深50厘米，田间沟宽1～1.5米，长30厘米，沟的面积占整个稻田面积的10%左右。另外，田角留出2米以上的机耕道，便于拖拉机进田耕耘。田埂内壁衬一层聚乙烯网片（20目）或尼龙薄膜，

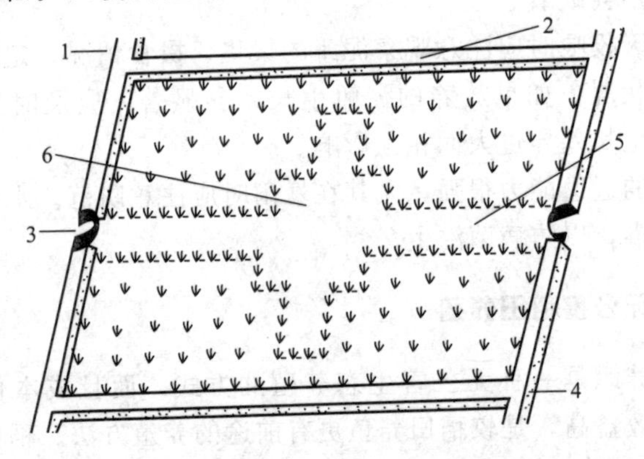

图4-7 稻田改造

1—进水渠；2—田埂；3—拦网；4—排水沟；5—鱼沟；6—鱼窝

底部埋入土中20～30厘米，上端可覆盖埂面。田埂要求整齐平直、坚实，高出埂面50～60厘米。

开挖鱼沟、鱼窝是稻田养鱼的一项重要措施，鱼沟与鱼窝相连，可开挖成“十”字沟、“田”字沟等。当水稻浅灌、追肥、治虫时，泥鳅有栖息场所。盛夏时，泥鳅可入沟、窝避暑；秋冬季，便于捕鱼操作。一般鱼沟宽30～50厘米、深30～50厘米。每个鱼窝4～6米^2，深30～50厘米。鱼窝形状为方形、圆形、长方形。鱼窝最好选择在便于投喂管理的位置，如田块的横埂边或进出水口处。鱼沟和鱼窝的面积占稻田面积的5%～7%。

3. 苗种放养

放养前2～3个星期，每亩用100千克生石灰消毒，一个星期后，注入30～40厘米新水，同时每亩施入经腐熟发酵的有机肥200～300千克，并在肥料上覆盖少量稻草和泥土，培养水质，泥鳅种下塘后为其提供丰富的饵料生物。

放养规格要求全长在3厘米以上，最好是5厘米以上，这样可当年养成商品鳅。

放养时间可根据本地的气候特点，一般在5月上旬至6月中旬放养为宜，此时水温已达到20℃以上，泥鳅放养后可正常摄食。

放养密度要根据养殖户的管理水平、稻田条件及苗种规格确定。一般3～5厘米的鳅种每亩放养3万～5万尾。鳅种放养前要用3%～4%食盐水或浓度20～30毫克/升的高锰酸钾浸泡10～15分钟。

4. 饲养投喂

投饲要做到“四定”，还要根据泥鳅食性，投喂充足的适口饵料。夏花阶段（3～5厘米），主要是施肥培养浮游动物，另外还需投喂蛋黄和其他粉状饲料、蚕蛹粉等。鳅种阶段（5厘米以上），可投喂米糠、豆渣、菜叶、螺、蚯蚓、动物内脏、小型甲壳类等。投喂时要注意动物、植物饵料的合理配合。

稻田养殖亦可用配合饲料（成分：鱼粉20%、菜籽饼粕

40%～50%、米糠 20%、磷酸氢钙 2%～3%、鱼用无机盐 0.5%、添加剂 4%)。为让其尽快适应人工饲养，应加以驯化，下田前应把泥鳅种放在暂养池中饿上 4～5 天，让其腹中残食消化掉再放养。

投饲量一般夏花阶段 5%～8%，鳅种阶段 5%左右，每天投饲 2 次，上午占日投饲量的 1/3、下午占 2/3，水温高于 30℃或低于 10℃可不投饲料。投饲一般投在食台上（食台可用编织袋搭设），食台距水底 20～30 厘米，每亩稻田可设 3～5 个食台。投饲量以 2 小时内吃完为宜。

5. 日常管理

稻田水质要求“肥、活、嫩、爽”，透明度一般控制在 15～20 厘米。定期施有机肥，培肥水质，另外须定期加注新水，每次10～15 厘米。如发现水质变坏，泥鳅上下蹿动频繁，应马上换水或打跑马水。田埂边可种植茭白、莲藕等挺水植物，或在田埂上搭设丝瓜棚等，以利泥鳅在高温季节避暑降温。

稻田饲养泥鳅，一般很少发生病虫害。在预防稻田病虫害时，要选用高效、低毒、降解快、残留少的农药，绝对禁止使用久效磷、敌百虫等含磷类有机剧毒农药。防治病害时必须按规定的浓度和用量用药。用药具体方法为：一是先喷施稻田的 1/2，剩余的 1/2隔 1 天再喷施，这样可以让泥鳅有可躲避的场所；二是喷雾时，其喷嘴必须朝上，让药液尽量喷在稻叶上，千万不要泼洒和撒施。施药时间选择在阴天或晴天的下午，这样效果较好。施药后要勤观察、勤巡田，发现泥鳅出现昏迷、迟钝的现象，要立即加注新水或将其及时捕起，集中放入活水中，待其恢复正常后再放入稻田。

平时要做好泥鳅的防逃工作，下大雨时特别注意不能让水漫过田埂，以免泥鳅随水逃出；并检查是否有河蟹等钻洞漏水，如有则需及时堵塞。另外，对稻田中的老鼠、黄鼠狼、水蜈蚣、蛇等敌害生物要及时清除、驱捕。每天检查吃食情况及水质状况。

七、泥鳅无公害网箱养殖

网箱养鳅具有放养密度大、网箱设置水域选择灵活、单产高、管理方便、捕捞容易等优点，是一种集约化养殖方式。

1. 网箱设置

网箱是用聚乙烯制作而成，网目大小以泥鳅不能逃出为准。网箱规格为 6 米×4 米×1.8 米。网箱框架为竹竿搭制，每口箱需竹竿 6 根，每条长边 3 根，直接固定于水中，网箱水下部分为 1.5 米、水上 0.3 米，箱底距池底约 0.5 米。

泥鳅苗种放养前 15 天安置网箱，使网箱壁附着藻类，并移植水花生，占网箱面积的 1/3。箱体底部铺垫 10～15 厘米的泥土。网箱适于设置在池塘、湖泊、河边等浅水处。

网箱养殖泥鳅，应加盖网，可以防逃、防敌害。泥鳅有肠呼吸的功能，因而泥鳅在网箱中经常上下蹿动，养殖生产中，易被水鸟啄食。

2. 放养密度

一般每平方米放养 5 厘米以上的鳅种 1000～1200 尾，并根据养殖水体条件适当增减。水质肥、水体交换条件好的水域可多放，反之则少放。泥鳅在投放网箱前应严格筛选，确保无病无伤，游动活泼，体格肥壮，鱼种规格尽量保持一致，并用 3%食盐溶液浸洗 5～10 分钟，再投放至网箱中。

3. 饲养投喂

饵料与池塘养殖相同，应以配合饲料为主，动物性饵料为辅。每天投喂 2 次，上午、下午各一次。鱼种入网箱时停食 1 天，平时日投喂量占鱼体重的 5%，视鱼的生长情况、天气等因素酌情增减。

4. 日常管理

每天早晚巡塘，检查网箱有无破损，泥鳅活动是否正常；7～8

月高温季节，水花生占网箱面积维持在 1/2；平时清除过多水花生，使水花生占网箱面积维持在 1/3 左右。还要勤刷网衣，保持箱体内外流通。经常检查网衣，有洞立即补上。网箱养殖密度大，要注意病害防治。平时要定期用生石灰泼洒，或用漂白粉挂袋，方法是每次用二层纱布包裹 100 克漂白粉挂于食台周围，一次挂 2～3 袋。

八、泥鳅无公害木箱养殖

利用木箱养泥鳅，是适宜家庭养鳅的一种方式。在有水源而不宜建池的情况下，可用木箱养殖泥鳅，饲养半年即可收获，每箱可产泥鳅 15～20 千克。

1. 木箱制作

木箱规格为 1 米×1 米×1.5 米，容量为 1.5 米^3（图 4-8）。要求木箱内壁光滑，在一侧或两侧设直径 3～4 厘米的注、排水口，并安装网眼为 2 毫米的金属网。箱底填入粪肥、泥土（或一层稻草一层泥土），最上层为泥土，保持箱内水深 30～50 厘米。木箱可放在向阳流水处，使水可从一个孔流进，另一个孔排出；亦可将几只箱子连在一起，搞联箱生产。

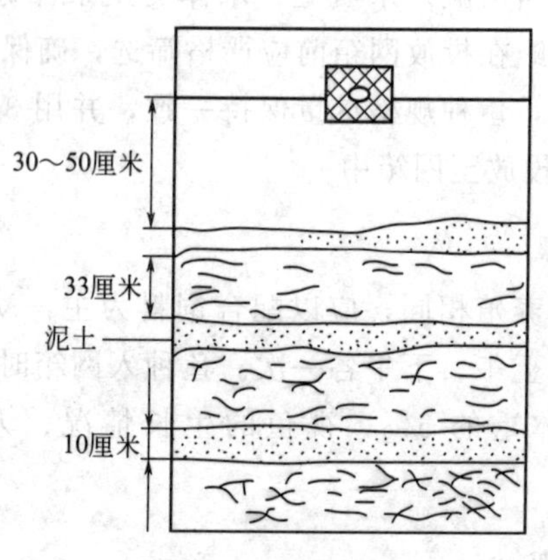

图 4-8　木箱结构

2. 苗种放养

每个木箱注水 1.8～5 千克。3～5 天后，每平方米投入 5 厘米以上的鳅鱼种 1.5～2.5 千克。放养前应先对鱼体进行消毒。

3. 饲养管理

投喂的饵料为米糠、蚕蛹、螺类、鱼内脏等。每天喂 2 次，早上 6～7 时及下午 1～2 时投喂。日投喂量占鳅鱼体重的 7%～8%。可根据鱼的吃食情况酌情增减。最高投喂量可达鱼体重的 15%。每隔 10 天左右，将下层泥土搅拌 1 次，以利于泥鳅天然饵料的生长。

由于木箱养殖密度较高，所以水质管理工作很重要。每天要清除残饵，经常观察泥鳅吃食及活动情况，若发现泥鳅呼吸频繁，突然停食等反常行为，就立即换水。一般每 10 天换水 1 次（换水后可适当追肥）。如发现病鳅、死鳅要及时捞取，以防鱼病传染。饲养后期，应适当添加新水或将已达上市规模的泥鳅取出，以降低密度，促进生长。经 4～11 个月的饲养，泥鳅可增重 8～10 倍。

九、泥鳅越冬管理

泥鳅对水温的变化相当敏感，当水温下降到 15℃以下时，其食欲减退，生长缓慢。当水温下降到 6℃以下，泥鳅便钻入泥中 15 厘米深，呈不食不动的休眠状态。在自然界中，休眠中的泥鳅由于体表可以分泌黏液，使体表及周围泥土保持湿润，即使休眠 1～2 个月不下雨也不会死亡。

在我国除南方的大部分地区，泥鳅的越冬期一般长达 2～3 个月。越冬前做好泥鳅的育肥工作，越冬期要做好防寒、保温工作。

1. 越冬前的准备

泥鳅在越冬前，必须加强育肥饲养管理，使泥鳅有足够的营养和能量蓄积，度过冬季。一般从 9 月份开始，水温不再继续上升，泥鳅的摄食量会有所增加。此时应多投喂一些营养丰富的饲料，其中动物性饲料和植物性饲料之比为 6∶4。随着水温的下降，泥鳅的摄食量有所减少，应逐渐调整投喂量。当水温降至15℃时，仅需投喂占泥鳅体重1%的饲料即可；当水温降至12℃以下时，则可停食；当水温降至6℃时，泥鳅就会钻入泥土中休眠。

2. 越冬池的准备

越冬前，要对越冬池进行消毒，防止有毒有害物质危害泥鳅越冬。一般1米^{3}水体用20毫克的含氯消毒剂进行全池泼洒。池底要铺20～30厘米厚的泥土，便于泥鳅钻入休眠。再在越冬池四角适量放一些牛粪、猪粪、家禽粪等有机粪肥，以发酵增温，利于保温越冬。同时，池水深保持在1米左右，可使池底泥温保持在5℃左右。越冬池中的放养密度可高于饲养期常规放养密度的2～3倍。

3. 越冬管理

越冬期间，池水中因有机粪肥的发酵，每10～15天应排出底层水10%～20%，再加注新水。水位控制在1米以上，水温控制在2～8℃。每次加注的新水应尽可能用水温较高的地下水或池塘水。发现池水较瘦时，还应在越冬池四角及时添加有机粪肥，以便发酵增温。

气候寒冷时，严防池水结冰。如果结冰，则必须随时敲破。由于泥鳅钻入底泥的密度较大，需要溶解氧浓度较大，一旦水体结冰，就将造成危险。

4. 越冬箱越冬

有条件的还可制作木质越冬箱越冬。越冬箱规格为（90～110）厘米×（25～35）厘米×（20～25）厘米，箱内装20厘米左右厚的细土，每箱放6～8千克泥鳅。土和泥鳅要分层装箱，装箱时，先放3～4厘米厚的细土，再装2千克左右泥鳅，这样装3～5层，最后装满细土，钉好箱盖。箱盖上事先打好5～7个洞，以便通气。箱盖钉牢后，找背风向阳的越冬池塘，把越冬箱沉入1米深以下的水中，使泥鳅安全越冬。

5. 稻田越冬

稻田养殖的泥鳅在越冬前应将泥鳅及时诱集于鱼窝内，并用稻草铺在鱼窝上，泥鳅便会潜入鱼窝底部的淤泥中越冬。越冬前，同样可在鱼窝四周施用一定量的有机肥，以便发酵增温。

十、泥鳅无公害无土养殖技术

传统的饲养泥鳅方法离不开淤泥环境，传统的饲养方法，也是人工营造一个淤泥环境来供泥鳅栖息、生长。但是在淤泥单位面积上泥鳅的栖息量少，不仅对水体空间的利用率低，而且采捕时的效率也不高。泥鳅无土养殖技术，是用多孔塑料泡沫或木块、水草等非泥土物质，提供一个可给泥鳅钻入洞孔隐蔽的栖息空间。无泥土养泥鳅，可以不用淤泥，而且既可多层次立体利用水体，又便于捕捞商品鳅。

湖南农学院曾谷初等研究人员曾做过泥鳅饲养池隐蔽物设置模式试验，在饲养容器中进行了放泥土15～20厘米、多层木板架、水草隐蔽物和无隐蔽物对照组的对比试验。结果表明：不同情况的隐蔽物条件，对泥鳅的成活率和生长速度有较明显的影响，其中以用水草作隐蔽物的养殖效果最佳，最高成活率为泥土的1.07倍，为多层木板架的1.14倍，为无隐蔽物的1.46倍；最高增重倍数也是有水草隐蔽物的最高，为泥土的1.10倍，为多层木板架的1.37倍，为无隐蔽物的1.42倍；最高产量还是有水草隐蔽物的最高，为泥土的1.33倍，为多层木板架的1.45倍，为无隐蔽物的4倍。因此，可以直接用水草放在水中进行泥鳅的无土养殖，特别是大规模养殖时，对泥鳅的生产过程易管理、易操作，泥鳅的生长速度和成活率都将有很大的提高。

1. 材料

（1）多孔塑料泡沫　每隔5～7厘米钻直径2厘米左右的孔数个，每块塑料泡沫大小不定，厚度以15～20厘米为宜，重叠，并加以固定。让其浮于水面以下，不露出水面。

（2）多孔木块或混凝土块　大小、厚度、间距同多孔塑料泡沫，只是重叠后铺排在水中，从底往上排。

（3）水草隐蔽　池中放水草（水葫芦等），漂浮在水面，为泥鳅遮阳隐蔽，夏热时节不仅可以吸收强紫外线，还可调节水温；水草根系发达，不仅给泥鳅提供了良好的栖息场所，而且还可净化水质，改善饲养池内的整个生态环境。水草覆盖面积占水面的2/3左右。

2. 养殖条件

泥鳅池塘养殖要求水源充足，水质清新无污染，注排水方便，土质应选择中性或微碱性的壤土为好，交通便利，确保用电。

池塘是东西走向的长方形，长宽比为2∶1，面积为5亩。池深0.8～1米，水深0.4～0.6米。池壁泥土应夯实，并沿池塘四周用网片围住，下端埋入土中10厘米，上端高出水面20厘米，以防泥鳅逃逸和敌害生物进入。

3. 放养模式

（1）放养前准备　在放养鳅苗前20天对池塘进行清整、改造、消毒。在进水口和排水口用铁丝网防逃。在排水口处开挖一个面积占全池面积的1/5～1/3、深30～50厘米的鱼溜，在池底铺一层含腐殖质较多的黏土。放养前7天用生石灰清塘，每亩池塘每10厘米水深用生石灰75千克化成浆全池泼洒。清塘5天后注水25厘米，每亩施有机肥150～250千克，用于培肥水质。

（2）苗种放养　泥鳅苗种选用人工培育苗或野生苗，但都要规格整齐、无病无伤、活动敏捷，并且一次放足。放苗时间一般在每年4月份，平均水温15℃以上，每亩放养规格为80尾/千克的苗种1100千克，最好选择在晴天下午进行。苗种放养前用8～10毫克/升的漂白粉溶液进行浸洗消毒，浸洗消毒时间为20～30分钟。

4. 饲养管理

（1）饲料投喂　泥鳅为杂食性鱼类，除施肥培育天然饵料外，还应投喂鱼粉、鱼浆、蚕蛹、动物下脚料以及麸皮、米糠、豆饼、瓜菜叶子等植物性饵料。也可以将上述饲料作为原料，制成配合饲料投喂。

泥鳅的食性与水温有密切关系。水温在16～20℃，以植物性饲料为主，占60%～70%；水温在21～23℃，动物性与植物性饵料各占50%；水温超过24℃，增投动物性饵料为60%～70%。具体投饵量随水温、水质、天气情况灵活掌握。3月份投饵量为泥鳅总重的1%～2%；4～6月份投饵量为泥鳅总重的3%～6%；7～8月份投饵量可增至泥鳅总重的6%～7%；9月份投饵量逐渐降至泥鳅总重的3%。当水温高于30℃或低于10℃时要减少投饵或不投饵。水温适宜每天早、中、晚各投喂一次，让泥鳅“少量多餐”，水温较低时每天投饵2次。投饵应做到“四定”“四看”。

(2) 水质调控　水质要求“肥、活、嫩、爽”。水色以黄绿色为佳，透明度以20～30厘米为宜。当透明度大于30厘米，每次每亩施有机肥20千克，增加池塘中的桡虫类、枝角类等泥鳅的天然饵料生物；透明度小于20厘米，应停止或减少追肥。高温季节经常注入新水，更换部分老水，定期开启增氧机。

(3) 日常管理　每天坚持早中晚巡塘，随时掌握水位、水质和泥鳅的摄食情况，发现问题及时处理。平时勤除池边杂草，高温季节每15天用二氧化氯一次，每7天全池泼洒一次生石灰，在养殖的中后期每月施1～2次微生物制剂。经常检查防逃设施，及时修补漏洞，发现鱼病及时治疗，做好养殖记录。

5. 注意事项

(1) 在苗种放养方面，尽量投放大规格的苗种。大规格苗种成活率高，增重倍数大，更重要的是这种大规格苗种一般很少患车轮虫病，即使感染，治疗容易，死亡率不高。

(2) 池塘饲养泥鳅，鳅苗下塘后2天内不投饵，等泥鳅苗适应环境后再投饵。开始先将粉状饲料沿池边四周泼洒，逐渐将投喂地点固定在食台上。

(3) 泥鳅善逃，要经常检查拦鱼设施是否破损，池埂是否坍塌，发现情况及时采取措施。另外，还应注意杀灭和驱赶敌害生物。

第二节 黄鳝的无公害饲养管理

黄鳝的无公害饲养管理包括黄鳝的人工繁殖、苗种培育以及各种方式的无公害人工养殖。而黄鳝的成鱼养殖是将20克左右的黄鳝种养成每尾体重100克以上的商品黄鳝，一般养殖期为半年。黄鳝主要的养殖方式有土池养殖、水泥池（有土）养殖、水泥池流水养殖、网箱养殖、稻田养殖等。

一、黄鳝的人工繁殖

目前，国内黄鳝的人工繁殖主要采用人工仿生态繁殖方式。人工仿生态繁殖技术是根据黄鳝的自然繁殖习性，人工设置繁殖网箱并在网箱中添加泥土，种植水生植物（如水花生、水葫芦等），使雌、雄亲鳝在仿自然生态环境中自行交配繁殖，从而充分利用了自然繁殖时所具有的泡沫巢进行孵化，大大提高了出苗率。通过精心饲养管理，受精率可达到72%～85%，孵化率可达到85%～92%，成活率可达到90%以上。

1. 亲鳝的来源及选择

5月下旬至7月上旬，用笼捕方法从江河、湖泊或稻田中捕捉野生的、已达性成熟的雌、雄鳝；或从养鳝池中捕捉经过饲养达到性成熟的雌、雄鳝；也可从市场上购买。

亲鳝要求体质健壮、无伤病、游动迅速，体色为黄褐色。

2. 亲鳝的雌雄鉴别

可通过体长、色泽和形态进行鉴别。

(1) 体长鉴别　鉴于非产卵期的雌、雄鳝较难鉴别，可凭体长初选。一般体长在20～35厘米的多为雌鳝，体长在45厘米以上的

多为雄鳝。

（2）色泽鉴别　雄性黄鳝体表色素为豹皮状斑点分布，背部有3条褐色素斑点组成的平行带，体两侧沿中线各有一条色素带，腹部黄色，大型个体呈橘红色。雌性黄鳝背青褐色，无色斑（微显平行褐色素斑3条），体侧褐色斑点色素细密、均匀分布，但颜色向腹部逐渐变浅，腹部为浅黄色或淡青色。

（3）形态鉴别　繁殖季节，手握黄鳝将其腹面向上，膨胀不明显、腹腔内的组织器官不突显的为雄鳝；若见腹壁较薄，肛门前端膨胀，微透明，显出腹腔内有一条7～10厘米长的橘红色（或青色）卵巢，卵巢前端有紫色脾脏，则为雌鳝。

3. 亲鳝培育

（1）水源与水质　水源充足，排灌方便。水质应符合GB 11607的规定，无污染，有机质含量低，水温昼夜差异不大。一般可以采用水库水（表层1米以下左右的水），或经蓄水池充分曝气、平衡温度的地下水，或经蓄水池充分沉淀和必要消毒的河道、湖泊水，尽量不用池塘水。

（2）培育设施　池塘网箱或水泥池均可。

4. 繁殖池的改造与产卵网箱设置

在每年3～4月份开始改造鱼池，整理出用作黄鳝人工繁殖用的配套繁殖池，繁殖池一般面积为3～5亩，水深1米，淤泥深为20～25厘米，进排水口管径25厘米左右，并用网目为100目的筛绢网片扎牢；进水口高出水面20厘米，排水口位于池的最低处。

繁殖池在设置网箱前10～15天用生石灰150～200克/米^{2}消毒，注入新水至水深20厘米左右，3～5天后加水至1米。

订做1米×1米×1.5米亲鳝产卵小网箱400～800个，选用120目的纱网。在清塘1周后布置在水塘里。产卵箱布置方法：用木桩和钢丝拉紧后布网箱，每口网箱内放20厘米厚的泥土，布好后紧接着抽水20厘米浸泡，一切准备好后待用。4月中旬开始每口箱放水葫芦若干，至6月中上旬水葫芦覆盖面积占池水面积的30%～50%。

5. 鳝种投放

5月下旬开始在暂养的后备亲本中挑选亲本种鳝，按个体大小与成熟度分级，分别投入小网箱，平均每箱放雌鳝4尾、雄鳝2尾或者雌鳝5尾、雄鳝2尾。雌鳝的平均体重0.1千克，雄鳝的平均体重0.125千克以上。

放养前对鳝体进行消毒，常用消毒方法如下。

① 食盐　浓度1.5%～2%，浸浴5～8分钟。

② 聚维酮碘（含有效碘1%）浓度20～30毫克/升，浸浴10～20分钟。

③ 四烷基季铵盐络合碘（季铵盐含量50%）0.1～0.2毫克/升，浸浴30分钟。

6. 驯食方法

野生鳝种入箱宜投饲蚯蚓、小鱼、小虾和蚌肉等饲料，鳝种摄食正常1周后每100千克鳝用0.2～0.3克左旋咪唑或甲苯咪唑拌饲驱虫一次，3天后再驱虫一次，然后开始驯饲配合饲料。驯饲开始时，将鱼浆、蚯蚓或蚌肉与10%配合饲料揉成团状饲料或加工成软颗粒饲料或直接拌入膨化颗粒饲料，然后逐渐减少活饲料用量。经5～7天驯饲，鳝种能摄食配合饲料。

(1) 投饵方法　坚持“四定”原则。饵料为鱼、虾、蚯蚓肉糜与配合饲料混合。

① 定时　水温20～28℃时，下午投喂一次，水温20℃以下少投或不投。

② 定量　日投量为黄鳝体重的6%～10%。

③ 定质　饵料鲜活、新鲜。

④ 定位　选择阴凉处固定投喂点。

(2) 水质管理　应做到水质清爽，勤换水，保持水中溶解氧含量不低于4毫克/升。流水饲养池水流量以每天交换池水1～2次为宜。换水时水温差应控制在2℃以内。保持水温20～28℃为宜。水温高于30℃，应加注新水，搭建遮阳棚，提高水生植物的覆盖面积。

（3）巡池 坚持早、中、晚巡池检查，查看水色，测量水温，注意有无异味。建立巡池日志，如发现异常，应及时处理。勤除杂草、敌害、污物等。

二、黄鳝苗种培育

黄鳝苗种培育是将繁殖池中鳝种所产的受精卵培育到体重15～20克。

1. 受精卵收集和流水孵化

在循环水系统中于木框架中铺平筛网，浮于水面上。把鳝卵（图4-9）放入清水中漂洗干净，拣出杂质、污物。以筛网上均匀附有薄薄一层卵块为宜，筛网浮于循环水系统中的水面上，即可孵化。将鳝卵的1/3表面露出水面，并保持微流水，循环水系统上边进水，下边出水。

图4-9 黄鳝产的泡沫巢和受精卵

在孵化期间注意观察胚胎发育情况，及时拣出死卵，冲洗掉碎卵膜等。一般情况下，水温在28～30℃，经过4～5天即可出苗；水温在23～28℃，需6～8天出苗；水温在20℃左右时，需要10天左右出苗（图4-10）。

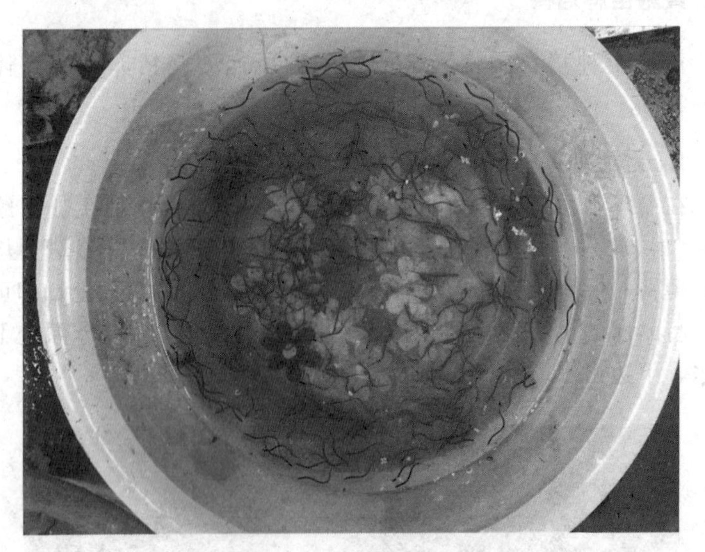

图4-10　10日龄黄鳝苗种

可同时在基底铺一层细沙，细沙不仅可防水霉病，还可帮助胚体快速出膜。因为正常的胚体在出膜前不停转动，活动剧烈，与细沙产生摩擦而加速卵膜破裂，使之早出膜。出膜的幼苗放入循环水水族箱中饲养，水深10～30厘米，每天换水1/3，至卵黄囊吸收完毕，投喂煮熟的蛋黄粒或小型浮游动物，开口吃食数日后，即可放入幼苗培育网箱中。

2. 无公害苗种培育

（1）鳝种培育池　选用1亩左右的池塘，放入面积1米^{2}左右的网箱，网身由网目为120目的网片制成，保持水深30～40厘米，用作鳝苗培育，网箱上沿高出水面20厘米以上，整个水塘设进水口、排水口，用塑料网布罩住。另外还要设一溢水口以防雨水满池造成逃苗，网箱底铺土5厘米左右，在放苗前15天左右用生石灰清塘消毒，用量为100～150克/米^3，池中水深保持在15厘米左右。池底可放些经消毒的丝瓜络、瓦块等，还有在水面放些适量的水草（如水花生等），以供幼鳝栖息藏身，同时可净化水体。

（2）鳝苗放养　幼鳝出膜后的5～7天内以其自身的卵黄为营养，不需摄食。这时鳝苗全长13毫米，胸鳍不断来回摆动，能间断地上下游动，这一阶段体长在30毫米以内。1周之后，卵黄囊基本消失，此时将其转入到幼苗网箱中培育，一般每平方米放养200尾左右。因为黄鳝有自相残杀的习性，所以放苗时要注意区分不同的规格，切忌大小苗混养。

（3）饲养管理

① 饵料培育　主要是通过在培育池放5千克/亩的抱卵青虾，高密度培育青虾溞状幼体、枝角类水蚤和水蚯蚓等为鳝苗、幼鳝提供适口饵料。

a. 水蚤池塘培育　选择面积以100米^{2}的长方形土池，池深1～1.2米，池底有淤泥厚20～30厘米，具有一定的保水能力。首先对池塘进行清塘消毒，彻底杀灭野杂鱼等水蚤的天敌。方法是用生石灰干法清塘消毒，150克/米^3，清完塘后注入约50厘米深的清水，逐渐加注新水至水位保持在0.8米左右。然后以2～3千克/米^{3}牛粪、马粪或其他畜粪，1.5千克稻草、麦秸或其他无毒植物茎叶施肥，目的是培育单细胞藻类作为水蚤下塘时的饵料，10天后追肥一次，追肥量为基肥的一半，此后再根据水色酌情追施无机肥，使水色保持黄褐色。施肥完成后接种水蚤，在池塘施肥2～3天后，按照每升水200个的比例进行接种，开始培育。采用酵母粉（80%）与豆粕粉（20%）混合抛撒饲喂，每天投喂2次，上午9点一次，下午15点一次。接种入池16天后，水蚤大量繁殖，几乎布满全池，水表面出现涡动现象，此时即可分批采收喂鱼。一般第一次采收水蚤总生物量的30%左右，以后一般每隔2～3天捞取一次，一次捞取水蚤总生物量的15%～20%，每立方米水体可捕获水蚤30～50克，用作黄鳝苗种的开口饵料。

b. 人工养殖水蚯蚓　水蚯蚓又名丝蚯蚓、红线虫等，其营养全面，干品含粗蛋白质达 62%，多种必需氨基酸含量达 35%，是饲养多种水生动物的理想饵料。利用水田或旱改水田养殖水蚯蚓简单易行，亩产可达到 2000 千克/年以上，而且投资少，易上规模，养殖技术简单，周期短，收益高。

ⅰ. 选田培田　选择水源充足、排灌方便的水田作为养殖基地，较高的一端设为进水口，低的一端设为排水口，并在进水口、排水口处设置栅栏，以防鱼、虾等敌害生物进入。水田内沿田埂边缘开挖一环形沟，便于排水。同时将水田内培养基耙平，淹水深度一致，选择富含有机质的污泥和粪肥作为培养基。培养基的装填程序是先铺一层污泥，厚度 5～10 厘米，若所选田内淤泥较肥厚，可以省去这道工序。然后在表面施畜禽粪 5～10 千克/米^2，并将培养基表面耙平即可。

ⅱ. 引种接种　每年春季 4 月份开始接种，在郊区的排污沟、畜禽饲养场及屠宰场的废水坑及皮革厂、糖厂、食品厂排放废物的污水沟等处，连同污泥、废渣一起运回，因为其中含有大量的蚯蚓卵，运回后应立即接种。接种前切断进水和出水，田内保持 2～3 厘米的水，然后将采回的水蚯蚓种均匀洒在培养基表面，每平方米接种 500 克左右。1 小时后，待水蚯蚓钻入泥中后恢复流水，接种即告结束。

ⅲ. 饵料投饲　3 天左右投喂一次，每次每亩投粪肥 50～100 千克，兑水搅成糊状全池泼洒。投饲前至投饲后半小时应停水，避免粪肥流失，投饲需遵循气温高多投、气温低少投的原则，还要根据预期产量来调节投饵量。投饲是养殖环节中较重要的一环，少量多次有助于获得高产，在生产高峰期，日常管理应密切注意水田内剩余饵料的多少，切不可盲目多投以此来获得高产，如田内有机质积累太多反而会因发酵产生大量的有害物质，抑制水蚯蚓的生长和繁殖，严重影响产量。

ⅳ. 擂田晒田　擂田是每隔 10～15 天将田内的培养基仔细翻动一次。具体做法是排干田内水后用“丁”形木耙将蚓田内的培养基搅动，并有意识地把青苔、杂草等翻入泥中或将杂草拔除。主要作用一是可以防止培养基板结；二是能将水蚯蚓的代谢废物和粪肥分解产生的有害气体驱除；三是有效地抑制浮萍、杂草的滋生；四是有利于水流平稳畅通。在气温较低的季节可以减少擂田次数。

晒田是指在晴天的时候，排干田内积水，使培养基在太阳底下暴晒几天。气温高时，晒 3～4 天，气温较低可适当延长晒田时间。在晒田的时候，水蚯蚓钻入泥中，只要培养基不至于干枯开裂，蚯蚓不但不会死亡，相反，由于培养基的温度较高，水蚯蚓生长加快，并且产下大量的卵粒。在没有水流的条件下，产下的卵粒不被流水带走，从而孵化大量的幼蚓。

ⅴ. 水质调控　水深调控在3厘米左右比较适宜，早春的晴好天气，白天水可浅些，以利水温升高，夜晚则适当加深，以利保温和防冻。一般以每亩养殖田有 5～10 升/秒的水流量就足够了。

ⅵ. 采收提纯　采收的头一天晚上断水或减少水流量，造成水田缺氧，第二天早上天空开始微亮时用聚乙烯网片做成的小抄网舀取水中蚓团。每次的采收量以捞光培养基面上的蚓团为准，这样的采收量既不影响其群体繁殖力，也不会因采收不及时导致机体衰老死亡而降低产量。采收完后即可开始排干田中的积水，然后施粪肥，再进行擂田与晒田等工序。水蚯蚓的繁殖能力极强，孵出的幼蚓到第 30 天后便进入繁殖高峰期，一生能产 100 万～400 万粒卵。采收的水蚯蚓洗干净后可直接喂黄鳝苗种。

② 投饲和驯饲　鳝苗适宜的开口饲料有水蚯蚓、大型轮虫、枝角类、桡足类、摇蚊幼虫和微囊饲料等。经过 10～15 天培育，当鳝苗长至5 厘米以上时可开始驯饲配合饲料。驯饲时，将粉状饲料加水揉成团状定点投放于池边，经 1～2 天，鳝苗会自行摄食团状饲料。15 厘米以上苗种则需在鲜鱼浆或蚌肉中加入 10%配合饲料，并逐渐增加配合饲料的比例，经 5～7 天驯饲才能达到较好的效果。

③ 投饲量　鲜活饲料的日投饲量为鳝体重的 8%～12%，配合饲料的日投饲量（干重）为鳝体重的 3%～4%。

④ 分级饲养　根据鳝苗的生长和个体差异，应及时分级饲养，同一培育池的鳝苗规格应尽可能保持一致。采用密眼捞海将身体健壮、抢食力强的鳝苗捞出放入新的培育池网箱内，每平方米放养100尾左右，此时日投饵量为网箱鳝苗总体重的6%～8%。当苗种长到个体重20克时转入商品鳝的饲养。

⑤ 水质管理　应做到水质清爽，勤换水，保持水中溶解氧含量不低于3毫克/升。流水饲养池水流量以每天交换2～3次为宜，每周彻底换水一次。

⑥ 水温管理　换水时水温差应控制在3℃以内。保持水温在20～28℃为宜。水温高于30℃，应采取加注新水、搭建遮阳棚、提高风眼莲的覆盖面积、减小黄鳝密度等防暑措施；水温低于5℃时，应采取提高水位确保水面不结冰、搭建塑料棚或放干池水后在泥土上铺盖稻草等防寒措施。

⑦ 巡池　坚持早、中、晚巡池检查，每天投饲前检查防逃设施；随时掌握黄鳝吃食情况，并调整投饲量；观察黄鳝的活动情况，如发现异常，应及时处理；勤除杂草、敌害、污物；及时清除剩余饲料；查看水色，测量水温，闻有无异味，做好巡池日志。

在苗种培育过程中，同时也要注意病害的防治，如在分池时可用3%～4%食盐水浸泡10～20分钟，以杀死会侵害鳝体的病菌。

三、黄鳝无公害土池养殖

1. 土池建造

黄鳝养殖土池应建在背风向阳、靠近水源和土质较坚实的地方。面积根据饲养规模而定，一般是10～100米^2，池深0.8～1米。土池宜建在土质坚硬的地方，从地面向下挖40～50厘米，挖出的土堆在池四周打埂，埂高50～60厘米，埂宽60～80厘米。埂要打紧夯实，池底也要夯实，有条件的最好在池底铺设一层油毡，再在池底及周围铺一层塑料薄膜，在池底的薄膜上堆放20～30厘米厚的泥土（图4-11）。

土池的底部要开一涵洞，用细网目铁纱罩好，作排水口。在池

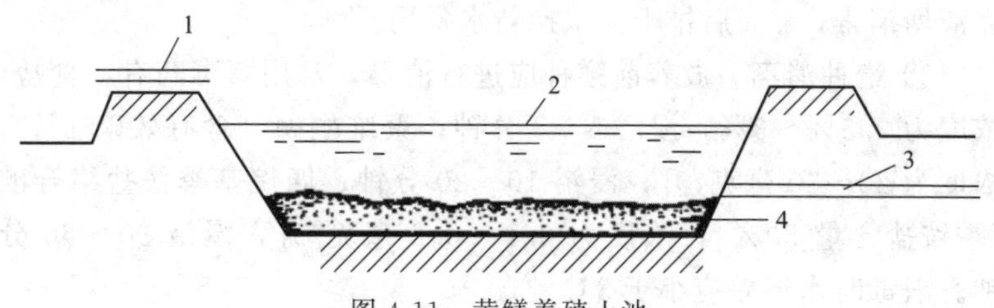

图 4-11 黄鳝养殖土池

1—进水口；2—水面；3—排水口；4—土层

的上端留一溢水口，多余的水可从溢水口流出。进出水口都要安装拦鱼栅，以防大雨时黄鳝逃出。鳝池建成后，在池内放一些水葫芦、水浮萍，种一些茭白，可供黄鳝高温时遮阴和隐藏休息。

2. 鳝种放养

(1) 鳝种来源　养殖的鳝种可从原产地采捕野生鳝种，也可从国家认可的黄鳝原（良）种场人工繁殖、人工培育获得鳝种。如若购买野生黄鳝应以笼捕的为好，钩钓、铁夹、手捉所获苗都会因受伤而死亡率高，造成养殖失败。放养的鳝种应反应灵敏、无伤病、活动能力强、黏液分泌正常。宜选择深黄大斑鳝、土红大斑鳝的地方种群。

选苗要注意挑选背侧呈深黄色并带有黑褐色或黄颈的鳝苗。这种苗体壮、抗病力强，耐寒耐热，生长快。背部带青色的苗生长慢，可酌情选用。

(2) 放养　每年 4～8 月是黄鳝产卵季节，5～6 月是产卵盛期。当年或翌年长至尾重 20 克，即可投入大池中养殖成鱼。黄鳝投放的时期，早春为宜，养到 10 月份，大鳝可超过 150 克，小的亦在 100 克左右。

根据饲养水平确定放养密度，放养规格以 20～35 克/尾为宜，按规格分池饲养。一般每平方米放养 0.5～1 千克，如管理水平高、饲养条件好，可放养鳝苗 1.5 千克/米^2。

放养前还应做好以下几项工作。

① 清塘消毒　放养前 8～10 天，每平方米用生石灰 100～120

克清塘消毒，1周后排干池水换新水备用。

② 鳝种消毒　放养前鳝种应进行消毒，常用消毒药有：食盐，浓度为2.5%～3%，浸浴5～8分钟；聚维酮碘（含有效碘1%），浓度为20～30毫克/升，浸浴10～20分钟；四烷基季铵盐络合碘（季铵盐含量50%），浓度为0.1～0.2毫克/升，浸浴30～60分钟。消毒时水温差应小于3℃。

③ 放养时间　放养季节以早春为宜，因为黄鳝越冬后体内营养消耗多，此时需大量摄食。其食量大、食性杂，便于驯化，同时可延长生长期。如靠暂养赚季节差价，则夏季鳝苗价格低，可因地制宜进行放养。夏季宜在早晚时放苗，切忌中午放苗。

放养鳝种的时间应选择在晴天，水温宜为15～25℃。

④ 规格整齐　同池个体要求规格一致，切忌大小不齐的苗混养，避免互相残杀。为便于驯饵，尽量做到一次投放。

放苗后一般1～2天内鳝苗可自行打洞入土。不自行打洞入土的一般是病苗、伤苗，应拣出。黄鳝有很强的繁殖力，一般第一次放养后只要注意取大留小，则来年无需再放苗。为保护鳝苗，黄鳝孵化繁殖所喂饲料应满足其营养需要，减少对幼鳝的残食，这是重要环节。有条件的可将鳝卵用纱布袋捞出分池饲养，在池中放一些成熟的丝瓜或栽荸荠，其大量根须可供鳝苗躲藏。

（3）套养泥鳅　水泥池中可搭配养殖一些泥鳅，套养泥鳅有三个作用：一是泥鳅好动，上下游动可以改善池内的通气条件；二是可防止黄鳝密度过大而引起的“发烧”和相互缠绕；三是可防止或减少黄鳝疾病的发生。如池中混养龟和鳖，还可将吃剩的残饵清除干净。

3. 饲养管理

（1）驯饲　野生鳝种入池宜投饲蚯蚓、小鱼、小虾和蚌肉等饲料，鳝种摄食正常1周后每100千克黄鳝用0.2～0.3克左旋咪唑或甲苯咪唑拌饲驱虫一次，3天后再驱虫一次，然后开始驯饲配合饲料。

驯饲开始时，将鱼浆、蚯蚓或蚌肉与10%配合饲料揉成团状饲料或加工成软颗粒饲料或直接拌入膨化颗粒饲料，然后逐渐减少活饲料用量。经5～7天驯饲，鳝种能摄食配合饲料。

黄鳝对饲料的选择性很严格，如果长期饲喂一种食料后，很难在短期内改变其食性，改用另一种饲料饲养时，须在前2～3天内不投饵，此后即可投喂新的饵料。黄鳝习性昼伏夜出，因此初放养时给饵的时间宜在每天的下午4～5时，或傍晚天黑以后，然后逐日提早喂食。

（2）饲料种类 成鳝饲料有配合饲料、动物性饲料（鲜活鱼、虾、螺、蚌、蚬、蚯蚓、蝇蛆等）、植物性饲料［新鲜麦芽、大豆饼（粕）、菜籽饼（粕）、青菜、浮萍等］。

（3）投饲方法 经过一段时间的驯饲，则须按“四定”要求喂食。

① 定质 配合饲料安全限量应符合NY 5072的规定。动物性饲料和植物性饲料应新鲜、无污染、无腐败变质，投饲前应洗净后在沸水中放置3～5分钟；或用高锰酸钾20毫克/升浸泡15～20分钟；或5%食盐浸泡5～10分钟，再用淡水漂洗后投饲。

② 定量 水温20～28℃时，配合饲料的日投饲量（干重）为鳝体重的1.5%～3%，鲜活饲料的日投饲量为鳝体重的5%～12%；水温在20℃以下、28℃以上时，配合饲料的日投饲量（干重）为鳝体重的1%～2%，鲜活饲料的日投饲量为鳝体重的4%～6%；投饲量的多少应根据季节、天气、水质和黄鳝的摄食强度进行调整，所投的饲料宜控制在2小时内吃完。

③ 定时 水温20～28℃时，每天2次，分别为上午9时前和下午3时后；水温在20℃以下、28℃以上时，每天上午投饲1次。

④ 定点 饲料投饲点应固定，可投在用木框和聚乙烯网布做成的饵料台上，宜设置在阴凉暗处，并靠近池的上水口。一般每100米^{2}设3个投饲点。

4. 日常管理

（1）水温 黄鳝生长适宜的水温是15～28℃，水温低于15℃会影响黄鳝摄食，低于10℃黄鳝完全停止摄食，进入冬眠状态；

水温超过 28℃，黄鳝的摄食量也会下降。

（2）水质　鳝苗入池后第 3 天，日常管理主要是保持鳝池水质清新，要求肥、活、嫩、爽，溶解氧充足。水中溶解氧含量不得低于 4 毫克/升。刚放养时池水要浅，一般以 10～15 厘米为宜，以便观察幼鳝成活情况。以后水深一般保持在 15～20 厘米。喂食以后要防止水质污染，需换入部分新水。高温季节适当加深水位，增加换水次数。暴雨前为防止水位升高，要排出部分池水，以防黄鳝越墙逃出。夏季池边种植丝瓜、葡萄等遮阴降温。秋季要投喂优质饵料，以增强黄鳝体质，利于抗寒越冬。

（3）越冬　越冬前将水排出，要保持泥土湿润，在泥层上加盖 20～30 厘米厚的稻草防止结冰。草上禁止人畜走动，便于黄鳝冬眠。如冬季雨雪过多，应及时排出池中积水。越冬后，当初春水温上升至 14℃以上时逐步将池草取出加水，但加水不应超过 5 厘米。如加水过早、过深，则会将黄鳝诱出洞，因温度变化频繁造成死亡。

四、黄鳝无公害水泥池（有土）养殖

1. 水泥池建造

水泥池形状可以因地制宜，根据地形和环境综合考虑，一般为长方形、正方形、圆形、椭圆形。水泥池大小，应根据养殖的规模而定。庭院副业式养殖以 4～5 米^{2}为宜；专业户以长方形为宜，面积以 15～30 米^{2}为好。

建造水泥池时，先在平地上下挖 40～50 厘米，挖成土池后，池壁高出地平面 30 厘米，使池深达到 70～80 厘米。池壁用砖块、石块、砂浆砌好，用水泥填缝。为防黄鳝逃跑，池底用水泥铺底。池内放 30 厘米厚的淤泥，土质软、硬、实要适度。如土质过硬，可加些青草、菜籽秸、蚕豆秸沤熟；土质过软、烂，要加硬泥拌和，这样既有利于黄鳝打洞潜伏，又不易因土质太硬造成打洞困难，也不会由于土质太软而使洞口堵塞造成过多黄鳝缠绕。池边墙顶做成“T”形出檐，离池底 30 厘米处开出水孔，50

厘米处开进水孔，进出水时孔口都要用细网目的网罩住，以防黄鳝逃出（图 4-12）。

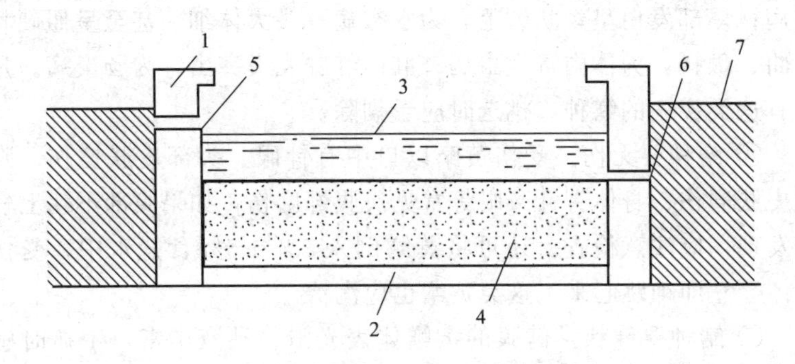

图 4-12 水泥池

1—池壁；2—池底；3—水面；4—土层；5—进水口；6—排水口；7—地面

池建好后，注入新水，水位高出泥土 10～15 厘米，夏季水位要适当加高。池面 1/3 水面养水葫芦或茭白，既可净化水质，也可为黄鳝提供栖息产卵场所。为保护幼鳝，还可在池中建 1 米^2 左右的圆形幼鳝池，池底向上 30 厘米处的池壁留 2～3 个大小不等的窗孔，窗孔用铁纱罩好，不让成鳝入内，只让幼鳝通行。

2. 鳝种选择与运输

（1）鳝种选择　养殖的鳝种最好是从国家认可的黄鳝原（良）种场人工繁殖、人工培育获得鳝种，此类鳝种易驯养、成活率高、苗种纯、病害少，较适宜于人工养殖环境，易养殖成功，但这类鳝种数量较少。目前，养殖黄鳝的苗种大部分来自野生黄鳝种。由于捕捞的野生鳝种带内伤或外伤的较多，如选购不当易造成驯养失败，故要注意以下几点。

① 野生黄鳝以深黄大斑鳝、土红大斑鳝的地方种群为好，其生长速度快，成活率高，适合人工养殖。

② 鳝种以笼捕苗种为好，笼捕苗种成活率高，而电捕、针钓、

药捕、针叉和徒手捕捉等方式所得苗种成活率低。

③ 鳝种要无病。鳝体表有明显红色带血块状腐烂病灶，为腐皮病；尾部发白呈絮状绒毛，为水霉病；头大体细，甚至呈僵硬状卷曲、颤抖，为体内寄生虫病；肛门红肿发炎突出，为肠炎病。凡带有这类疾病的鳝种，挑选时应予剔除。

④ 鳝种要无伤。受伤黄鳝以口中有针眼、头部皮肤擦伤、腹部皮肤磨伤、身体有针叉眼等常见。腹部磨伤，如果腹部不朝上较难发现，应注意检查。还可将黄鳝倒入3%～5%食盐水中，受伤个体会立即蹿跳起来，这类黄鳝也应淘汰。

⑤ 鳝种要健壮。健康的黄鳝体表光滑、黏液丰富，手抓时感觉鳝体硬朗，并有较大的挣逃力量。将黄鳝倒入盛浅水的盆中，游姿正常，稍遇响声或干扰，整盆黄鳝会因突然受惊抖动而发出水响声，说明黄鳝敏感健康。

⑥ 暂养时间短、贩运环节少。挑选鳝种最好能直接到捕鳝户手中收购，且起捕的时间不超过3天。

（2）鳝种的运输　运苗时应注意以下几点。

① 最好是水桶带水运输。数量少可用鱼篓装运，但不能用放过各种油类而未洗净的容器作运输工具。

② 刚捕获的黄鳝，体表和口中都附有泥沙、污物，装运前还须注意清水洗苗。所用清水应尽量和鳝池的水质相同，温差不超过2℃。

③ 在储运黄鳝的容器中可放少量泥鳅。泥鳅在容器中上下蹿动防止黄鳝相互缠绕，增加水中的溶解氧，减少疾病。

3. 放养

（1）清塘消毒　鳝种放养前10～15天要清整鳝池，修补漏洞，疏通进水孔、排水孔，并用生石灰消毒，每平方米用量为150～200克。在放苗前6～7天注入新水至水深10～20厘米备用。如有条件，在放水前将底泥翻过来，在烈日下暴晒几天则更好。池内放养占池面积2/3的凤眼莲。

苗种在放养前要进行消毒，可选用盐水、聚维酮碘、四烷基季铵盐络合碘浸泡。消毒时，若水温低，浸洗时间可长些；若水温高，则浸洗时间要短些，并彻底剔除有伤、病的鳝种。浸泡后用清水冲洗方可入池饲养。

（2）放养时间　放养时间有冬放和春放之别，但以春放为主。长江流域从4月初到4月中旬开始放养；长江以北以4月下旬放养为宜。放养水温应在16℃以上，不宜过低。

（3）放养规格与密度　放养的黄鳝规格应在20克/尾以上为佳。这种鳝种适应性强，生长快。放养量一般为每平方米1～2千克，最高每平方米可放养3～5千克。

值得注意的是，黄鳝在饥饿状态下有自相残杀的习性，因此放养时力求规格一致，切忌大小混养。

4. 饲养管理

鳝种入池后，一般经过7～20天的连续驯饲，即可完全养成白天摄食的习惯。成鳝饲养中投饵除要遵守“四定”原则外，还要坚持“四看”。

（1）看季节　根据黄鳝四季食量不等的特点，应掌握6～9月份投饲最多（占全年的70%～80%）。长江流域3月份以后，以中午2～3时吃完为度；清明后水温高，投饵量要大；梅雨季节，投饲量要适当控制；小暑以后适量增大投饵量，但也不宜一次投得太多；7～8月间可以日夜投喂；白露以后可增大投饲量。

（2）看天气　晴天多投，阴雨天少投，闷热无风或阵雨前停止投喂，雾天、气压低时，要在雾散去以后再投。当水温高于28℃、低于15℃时，要注意减少投饲量。室外饲养的黄鳝，在下雨天很少吃食，要少投或不投。水温25～28℃时，要及时适当增加投饲量和投喂次数，并投喂蛋白质较多、质量较好的饲料。

（3）看水质　水肥时可以正常投饲，水淡时适当增加投饲量，水质过浓、过肥时要适当减少投饲量。

（4）看食欲　黄鳝贪食，抢食快，短时间内能吃光饵料，应增加投饲量；反之，应减少，一般以2小时内全部吃光为宜。

5. 日常管理

日常管理的好坏关系到黄鳝养殖的成活率、生长和产量，因而养殖中应注意以下环节。

（1）水质管理　鳝池水浅，水质容易恶化，易引起黄鳝停食和患各种疾病，所以要重视鳝池的水质管理。

养鳝用水在保持“肥、活、嫩、爽”的基础上，还应注意其酸碱度须保持在pH值6～8。鳝池水主要营养盐类的氮磷比控制在7∶1，这样有利于浮游植物的生长，溶解氧含量控制在4毫克/升以上。黄鳝能用咽腔呼吸，当水体短期缺氧时，黄鳝会把头伸出水面呼吸空气中的氧气，因此水体短期缺氧时黄鳝不会因泛塘致死。但缺氧会影响黄鳝对饵料的摄取，影响生长速度。

鳝池内的残食和黄鳝粪便，容易使池水变质，因此，防止水质恶化的有效途径是在池中放养1/3面积的水葫芦。水葫芦的根须发达，净化水质能力很强，同时黄鳝可钻入水葫芦的根须栖息。但在高温季节，水葫芦生长旺盛，隔天就要捞出一部分。另外，黄鳝也吃些水葫芦的嫩根，可补充部分饵料。如果在池中再投放些绿萍，则净化水质效果会更好。用这样的办法可大大减少换水次数，延长换水时间。

一般情况下，鳝池每5～7天换一次水，天热时，每2～3天换一次水。在换水的同时，要清洗食物残余和污染的场地，使污物随水流出。换水时应注意水温，用水温度与鳝池内水的温度差不得超过3℃，否则黄鳝易患感冒。

（2）水温管理　水温大于28℃时，要防暑降温。一般可在池子上方搭盖遮阳网，或在四周种植一些攀援植物，让其起遮阴降温作用，以调节水温。

水温高于30℃时，要加注新水，最好用地下水降温，但温差不要超过3℃。当水温小于15℃时，应投喂优质饲料，同时加强防寒措施；水温低于10℃并持续降温时，要及时排干池水，并在底泥上铺盖稻草等保温物，使土温保持在4℃以上，保证黄鳝安全越冬。

（3）坚持巡池　每当天气由晴转雨或由雨转晴且闷热时，可见黄鳝出穴，竖直身体前部，将头伸出水面，这是水体缺氧之故。一

经发现，就要灌注新水。

巡池时，还要密切注意黄鳝逃逸，特别是在缺乏饵料、下雨、雷雨天和暴雨天时，应仔细检查鳝池是否有洞，排水道、排水孔是否有疏漏。

还要防敌害。水老鼠、飞鸟、蛇及家鸭等都会入池捕食黄鳝，可采用捕捉或驱赶的办法将其清除。

6. 越冬

每年 11 月气温下降到 10℃以下时，黄鳝即停止摄食，进入休眠期。越冬前，可趁黄鳝大多潜伏在泥土表层时，将塘水排干，彻底翻泥捕鳝。对当年达不到上市规格或准备囤留到春节期间价高时上市的黄鳝，应及时采取安全越冬措施。

（1）干池越冬　黄鳝停食后，将池水放干，保持池内泥土湿润。为防冰冻，可在池面以上盖一层 15～20 厘米厚的稻草、草包等保暖物防冻。覆盖物不要堆积过密，以防黄鳝窒息死亡。此法适用于春节前后要进行收捕的鳝池。

（2）带水越冬　在黄鳝进入越冬期前，将池水升高到 1 米左右，以保证严寒不结冰到底为准，让其钻入水下泥土中冬眠。若温度较高，白天还可出洞呼吸与捕食。越冬期间，若池水结冰，应及时人工破冰，以防冰封导致鳝池缺氧。

五、黄鳝无公害水泥池流水养殖

无公害水泥池流水养殖是近年来发展的一种新的集约化养鳝方式，它与水泥池（有土）养殖相比，因有流水，改善了水质，增加了水中的溶解氧，所以具有密度大、生长快、产量高、成本低、起捕方便等特点。其生产技术指标为：每平方米投放规格为 25～40 克/尾的鳝苗 1～1.5 千克，投喂全价配合饲料，经过 4～5 个月的饲养，70%的个体可长至 100 克以上，饵料系数 1.5～1.8。以目前原料成本计，生产成本 15～20 元/千克。

1. 水泥池的建造

（1）场址选择　养殖场要选择水源方便、水质良好、无污染、不受农用施药影响的区域，水源最好具备自流、自排功能，或在常年有流水的地方建场，以降低生产成本。有热水供应的地方（如热电厂、钢铁厂及温泉等）更佳，既有自流水功能，在冬季又能利用热源进行控温养殖。

为保证微流水养鳝时有充足的水量，在基建时，要开挖沉淀池、蓄水池各一口。沉淀池2～5亩，蓄水池1～2亩，两池均为土池，也可利用鱼池代替。为保证换水温度，需视养殖规模建调温池1个。

（2）水泥池结构　选择有常年流水的地方建池（在有温流水的地方更好），可以通过调节水温使黄鳝一直在适温条件下生长。养殖的水泥池分室外池和室内池。在室外的鳝池为宽2米、长3米；在室内的为宽1米、长2米或宽2米、长2米。

池壁顶用砖横砌成“T”字形压口，用以防逃。池底用水泥浆抹面或用黄泥、石灰、沙子混合夯实。四周池壁高40厘米左右，并在池的相对位置设直径3～4厘米的进水孔、排水孔各一个，溢水孔一个。进水孔高出底部25厘米，排水孔与池底等高。溢水孔高出池底20厘米，与排水孔同一边。孔口装金属网罩防逃。

（3）水泥池排列　在规模化养殖中，宜将若干池并列成排，每排水泥池的一边设进水沟，高出池底25厘米，宽15～30厘米（视池多少而定）；另一边设排水沟，低于池底5～10厘米，宽15～30厘米（图4-13）。在所有养殖池外围建一圈防逃墙，高80～100厘米。设有总进水口与总排水口。

（4）水泥池脱碱　由于新建水泥鳝池碱度较高，必须进行脱碱处理后才能投入鳝种，否则很易使黄鳝受到碱害而死亡。

常见的脱碱方法是：先将总排水口塞好，灌满池水，然后按每吨水溶入过磷酸钙肥料1千克，或磷酸250克浸泡2天即可；也可用10%冰醋酸洗刷水泥池表面，然后注满水浸泡3～5天；还可往装满水的池中一点一点地放进明矾，直到不溶解为止。采取上述脱碱措施后，为稳妥起见，可用pH试纸测试或先放几尾小鱼试水，1～2天后确实无不良反应才能说明碱已脱去。然后，将池底一个

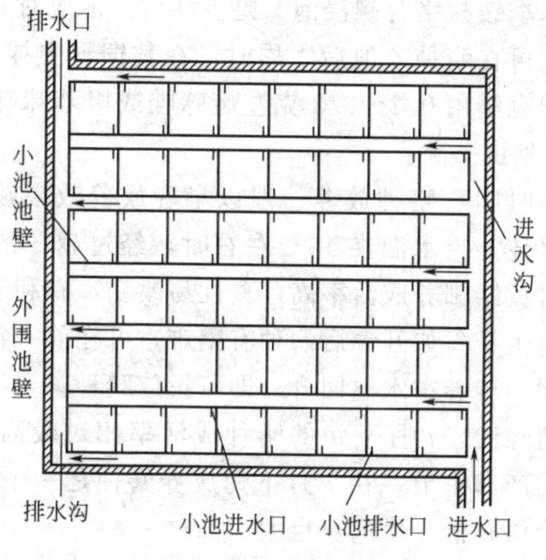

图 4-13 水泥池流水养殖

排水孔堵住，使每口小池始终保持活水深 5 厘米，即可投放鳝种。

(5) 水泥池消毒 在放养前 15 天加水 10 厘米左右，用生石灰 75～100 克/米^{3}或漂白粉（含有效氯 28%）10～15 克/米^3，全池泼洒消毒，然后放干水再注入新水至水深 10～20 厘米。

(6) 水泥池生态条件 养殖池灌水 18 厘米深，保持各养殖池有微流水。池内宜种植一些水草（如水浮莲、水葫芦等），水草覆盖率应达 60%。水草可改善水质，增加溶解氧，还可供黄鳝隐藏栖息。

养殖池水应达到无公害养殖用水标准《无公害食品 淡水养殖用水水质》(NY 5051—2001)。

2. 放养

(1) 鳝种选购 养殖的鳝种可从原产地采捕野生鳝种，也可从国家认可的黄鳝原（良）种场人工繁殖、人工培育获得鳝种。最好选择深黄大斑鳝、土红大斑鳝的地方种群。放养的鳝种应反应灵敏、无伤病、活动能力强、黏液分泌正常。

(2) 消毒驱虫 苗种在放养前要进行消毒，可选用盐水、聚维酮碘、四烷基季铵盐络合碘浸泡。野生鳝种入池应对其体内的寄生虫进行驱除，可在鳝种入池后1周时，在其饲料中拌入驱虫药物。一般每100千克鳝用0.2～0.3克左旋咪唑或甲苯咪唑拌饲驱虫一次，3天后再驱虫一次。

（3）放养时间　鳝种放养一般以早春放养效果较好，水温在15℃左右时最佳。当水温在15℃左右时，经过越冬的黄鳝开始大量摄食，此时黄鳝驯养成活率高，食性易改变，有利于黄鳝在养殖过程中的快速生长。如开春后购种有困难，可在前一年秋季有计划地储养好鳝种，待春季水温回升，即可投放鳝种。

根据养殖经验，7月下旬的鳝种成活率相对较高，避开6～7月中旬黄鳝的产卵季节，在7月下旬放养鳝种是一个较好的选择。此时的鳝种价格较低，供应量也大。

（4）放养密度　根据养鳝场的设施条件、饵料来源、鳝种规格及饲养管理技术等因素来确定。一般每平方米放养体重25～35克的鳝种40～50尾，即每平方米1.0～1.5千克。如条件好、管理水平高，可以多放一些，达到2千克/米^{2}以上。鳝种的规格如偏大，尾数应相对减少；反之，则增加放养量。

放养时，尽量在同一池中一次性放足鳝种，而且，同一池中鳝种应规格整齐，避免黄鳝自相残杀。待黄鳝摄食正常后，可在池中搭养少许泥鳅，数量占5%左右。泥鳅上下游蹿，能防止黄鳝在高密度状态下引起的相互缠绕，以降低黄鳝病害发生率。

3. 饲养管理

在黄鳝小规模低密度养殖时，一般投喂蚯蚓、小杂鱼、河蚌、螺类、昆虫等鲜活饵料，鳝苗能够很快形成摄食习惯，但在1000米^{2}以上的规模化养殖或放养量在2千克/米^{2}以上的高密度养殖时，就会遇到饵料难以长期稳定供应、饵料系数高、饵料难以保存等困难。因此，黄鳝规模化养殖时首先必须对黄鳝进行食性驯化，使其食用配合饲料。试验表明，黄鳝食性驯化后，养殖过程中使用黄鳝专用饲料，还具有摄食率高、增重快、饵料系数低（为1.2～1.5）等优势。

（1）驯饲　选用新鲜蚯蚓肉（或蚌肉），经冷冻处理后，用6毫米模孔绞肉机加工成肉糜，将肉糜加清水混合，于每天下午5～7点均匀泼洒于鳝池中，投喂量控制在鳝苗总重的1%范围内。这一投喂量远低于黄鳝饱食量，因此，黄鳝始终处于饥饿状态，便于建立黄鳝群体集中摄食条件反射。

3天后，观察到黄鳝摄食旺盛，即改为定点投喂，一般每10米^{2}设2～3个点，继续投喂2天，投喂量仍为鳝种总重的1%，此时黄鳝基本能在10分钟内吃完。

待黄鳝摄食正常后，即在饵料中掺入人工配合饵料进行诱食。第一天可取代食饵饲料的1/5，以后每天增加1/5的量，5～6天后可完全投喂人工配合饲料。每次投喂时直接撒入定点投喂区域内，投喂量增至鳝种总重的2%。由于黄鳝习惯在晚上摄食，因此驯饲多在晚上进行。每天下午5～7点投喂一次，特别注意投喂量应以15分钟内吃完为度，以提高饲料利用率。

（2）人工配合饵料的调制　一般饲料厂生产的饲料并不能直接投喂，必须先行调制。将黄鳝专用饲料65%加入新鲜河蚌肉浆35%（用3～4毫米模孔绞肉机加工而成的），用手工或搅拌机充分拌和成面团状，然后再用3～4毫米模孔绞肉机压制成直径3～4毫米、长度3～4厘米的软条形饵料，略为风干即可投喂。

这样配制的饵料，其投喂效果极为理想。在有土的规模化养殖中，饵料系数约为2；在无土流水规模化养殖中，饵料系数仅为1.2～1.5。

（3）投饲方法　投饲应做到“四定”“四看”原则。

① 定时　黄鳝虽有在夜间摄食的习惯，但在人工驯饲过程中，可以把每天投饲时间逐渐向前推移，移到早上8～9时、下午2～3时各投饵1次。

② 定质　黄鳝对饵料选择性较强，一经长期摄食某种饵料，就很难改变其食性，故在饲养初期，经过不断驯饲后，可以投喂人工配合饲料。人工配合饲料的蛋白质含量要达35%～40%，各种维生素也要有保证，原料切忌变质发霉。黄鳝若以动物性饵料为主

饲养的，饵料必须鲜活，切忌投喂腐败饵料。

③ 定量　黄鳝的人工配合饲料投喂量随温度升高而逐渐增加。一般在11月至翌年4月的日投饵量为体重的1%～2%，日投饵1次；春秋季节的日投饵量为体重的3%～4%，日投饵2次；6～8月摄食量最大，日投饵量为体重的5%～6%，日投饵2次。

④ 定点　鳝池中宜设固定食台。食台用木框加聚乙烯网布做成，固定在一定位置上，饲料投于其上。

4. 日常管理

黄鳝流水养殖是项技术要求比较高的工作，这就要求养殖人员要有较强的责任感，规范操作，日常要观察黄鳝的摄食情况，留意鳝池进排水量是否一致，严防干池现象发生，定期清除残饵，清洗鳝池。

(1) 水质管理　养鳝池要求水质“肥、活、嫩、爽”，养殖水的pH值在6.5～7.5。因鳝池的水位浅，只有18～20厘米，投喂的饲料蛋白质含量又高，水质容易败坏，所以，养殖期间必须保证微流水并及时换水。

一般养殖池中水的流量应控制在0.01～0.1米^3/小时，春、秋两季水温较低时，水流量可小一些，夏季高温时，水流量应大一些。而且，要定期更换池水、清刷养殖池。一般每5～7天换水一次。夏季高温时，要每天吸污，4～5天换水一次；换水温差不能超过3℃。冬季水位要保持在25～30厘米。

在彻底换水的操作中，当水彻底排干后，要将集中于中间空置区的排泄物、食物残渣等清除掉，用刷子将养殖池清洗干净，并将养殖池彻底消毒。同时将繁殖过密的水葫芦清除一部分，清除水葫芦时注意根系中常有黄鳝潜伏。

(2) 水温管理　黄鳝适宜的生长水温为18～28℃。在夏季水温超过28℃时，应注意遮阴、降温，或加大流水量，以降低水温。冬季鳝种越冬时，要注意防寒、保暖。当水温下降到10℃以下时，可加深池水，或池上覆膜保暖，以免鳝体冻伤或死亡。

(3) 分级饲养　在饲养黄鳝到一定阶段后，为避免黄鳝互相残

杀，宜及时按大小规格分池养殖。黄鳝种内竞争性很强，同规格下池的鱼种，经一段时间的饲养，规格就会参差不齐，长此以往不利于产量的提高。所以，在黄鳝生长期间，应每隔1个月左右，将池中的黄鳝全部捕出，经过筛选，将大、中、小规格的黄鳝分池饲养。

（4）防逃防敌害　要经常检查水位、池底裂缝及排水孔的拦鱼设备，及时修好池壁，堵塞黄鳝逃跑的途径。因黄鳝易循水流逃窜，故在雷雨天尤要防止雨水流入池中，并防止鸟、兽、蛇、鼠等危害黄鳝。

六、黄鳝无公害网箱养殖

目前在养殖方式上，网箱养殖黄鳝是一种高产高效、应用前景广阔的新型养殖技术，是今后黄鳝集约化和规模化养殖的主要发展方向。目前浙江、江苏、安徽、湖北等省均利用网箱来养殖黄鳝，它具有占用水面少、病害少、成活率高、生长快、易养易捕等优点。

1. 网箱设置的水域

目前，黄鳝网箱养殖合适的主要水域有湖泊、水库、江河、池塘等。这里主要介绍生产上常用的池塘网箱养殖技术。

池塘网箱养殖黄鳝，是将网箱设置在理想的池塘中。虽黄鳝对环境适应性较强，但它为底栖生活，喜栖于腐殖质多的浅水水体中，性喜温、避风、避光、怕惊，故网箱养殖黄鳝应选择向阳、背风、水源方便、外界干扰少的池塘，其环境条件的好坏，会直接影响黄鳝的生长，因而养殖黄鳝的网箱所设置的池塘要符合以下条件。

（1）池塘地势要稍高，背风向阳，周边环境安静，水源充足，水质良好，未受污染。

（2）池塘为东西向，可增加池塘日照时间，有利于池塘中浮游植物的光合作用，对提供溶解氧有利，水中溶解氧含量3毫克/升以上时，黄鳝活动正常，同时也有利于池塘中浮游动物（如枝角类、桡足类）的生长繁殖，增加黄鳝对浮游动物的摄食量。东西向还对避风有好处，可减少南北风浪对池埂的冲刷和对网箱的击打。

（3）池塘的面积以 5 亩左右为宜，池深 3 米，水深 2～2.5 米；水中无杂物，透明度 15～20 厘米，池底部要平坦，向排水方向稍倾斜；池塘排灌方便，避免串灌，可预防疾病传染。

（4）池塘的形状尽量为长方形，长宽比为 2∶1 或 3∶2。

（5）池塘用水泥或石块护坡为好。

（6）池埂的横向、纵向均要有 2 米的宽度，便于人工活动。

2. 网箱制作与设置

（1）网箱制作　网箱箱体选用聚乙烯无结节网片制作，要求网布质量好，网目密而匀。网孔尺寸 0.80～1.18 毫米，网箱上下纲绳直径 0.6 厘米，网箱面积 15～20 米^{2}为宜。网箱长、宽视池塘长宽而定，高 1.0 米，其水上部分为 0.4 米、水下部分为 0.6 米（图 4-14）。

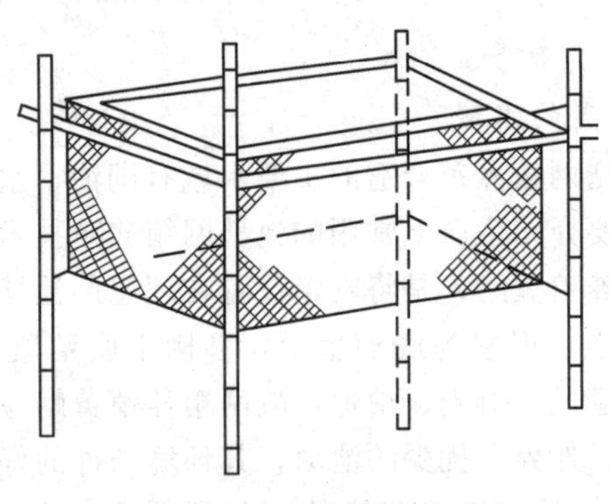

图 4-14　黄鳝网箱

（2）网箱设置　网箱设置最低要求在水深 1.0 米以上，水面面积宜在 500 米^{2}以上，网箱面积不宜超过水面面积的 2/3，网箱吃水深度约为 0.5 米，网箱上沿距水面和网箱底部距水底应各为 0.5 米以上（图 4-15）。

网箱箱体用由毛竹和角铁制成的支架悬挂固定在水中，网箱的

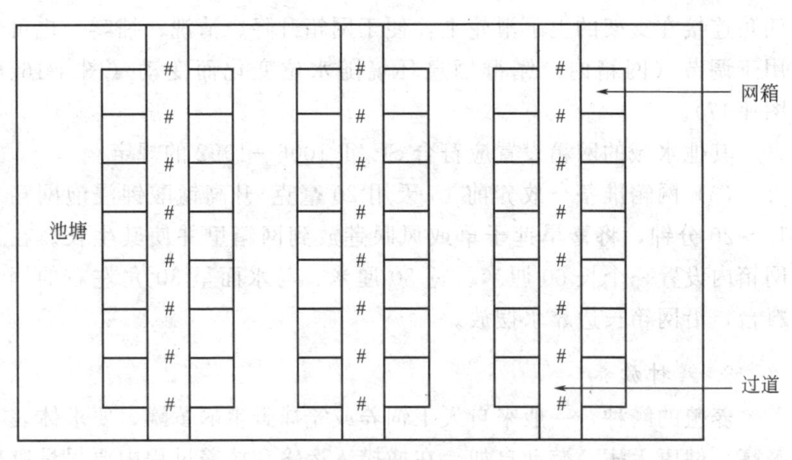

图 4-15 网箱设置

图 4-16 池塘网箱养殖（一）

图 4-17 池塘网箱养殖（二）

四角连接在支架的上下滑轮上，便于网箱升降、清洗、捕鳝，也可用于调节（网箱内）鳝群栖息环境随水位变化而变动（图 4-16、图 4-17）。

其他水域的网箱设置应符合 SC/T 1006—1992 的规定。

（3）网箱准备　放养前 15 天用 20 毫克/升高锰酸钾浸泡网箱 15～20 分钟，将喜旱莲子草或凤眼莲放到网箱里并使其生长。在网箱内设置一个长 60 厘米、宽 30 厘米、与水面呈 30°角左右的饲料台，沿网箱长边靠水摆放。

3. 鳝种放养

养殖的鳝种，一般来自人工饲养或笼捕野生的黄鳝，要求体表鲜亮、健康无病、游动自如。在捕捞、运输和放养过程中要尽量避免使鳝种擦伤，以防细菌侵入发生赤皮病（症状为体表出血、发炎，以腹部和两侧最为明显，呈块状，需内服药和外用药消毒结合治疗）。预防方法：放养鳝种时严格消毒，具体方法是 100 千克水中加 50 毫升水产苗种消毒剂浸洗 30 分钟，或用 8%含碘盐水浸洗 10 分钟，然后放入清水中暂养 1 小时，再经清水洗一遍后即可放入箱中。

鳝种投放时间最好是 4 月底或 5 月初（人工繁殖的苗），野生苗最好是 6 月中下旬投放。放养鳝种量要做到适中，注意观察鱼池中水质即浮游生物量的变化，一般每平方米放鳝种 1.5 千克，平均每尾 20～35 克。若购买鳝种规模不一致，放入网箱内时要求同一网箱放同种规格鳝种，避免因摄食能力不同而导致生长的差异以致互相残杀。

黄鳝的网箱养殖最为关键的阶段是放养后 1 个月内。这一时期是黄鳝改变原来的部分生活习性，适应新环境的过程。如果方法得当，鳝种成活率可达 90%以上，方法不当则成活率有时在 30%以下甚至全部死亡。这 1 个月是黄鳝网箱养殖成败的关键所在，除应做好鳝种的消毒和驯化外，还应有效地控制疾病的发生，具体方法是用水体强力消毒剂和生石灰交替消毒，杜绝病原体的产生。

网箱黄鳝养殖的水域可以放入一些耐低氧和控制水质的鱼类。

一方面可以活跃水体，促进水体流动；另一方面可以清理黄鳝养殖过程中产生的残饵和有机质。可选用的品种以鲫、鲤、鲢、鳙较好，数量为每亩放25～50千克，具体数量可根据放养规格来决定。由于网箱养殖的水体溶解氧含量降至3毫克/升以下是经常性的，虽然缺氧对黄鳝几乎无影响，但放养的鱼类会缺氧死亡，因此要做好增氧工作准备。

4. 饲养管理

（1）饵料的种类　网箱黄鳝养殖以投喂低值的小鱼、蚌螺肉、蝇蛆、蚯蚓为主，人工养殖时对已做好驯化的黄鳝投喂专用颗粒饵料。试验表明，如长期采用单一饲料投喂，中间更换饲料时易产生拒食现象。

（2）驯饲　鳝种在野生环境下密度小，活动范围广，自己觅食，故开始放养的几天内基本不吃人工投喂的饲料或吃食极少，要进行驯化，如果驯化不成功就会导致养殖失败。

驯化的具体方法为：鳝种放养后3天内不投饲，以使鳝种体内食物全部消化，使其处于饥饿状态，然后在傍晚时投喂黄鳝喜食的蚯蚓，投饲量为体重的1%。第二天早上清空未吃的饵料，以防止饵料腐败污染水质。投饲量视吃食情况逐渐增加到体重的4%。

（3）投饵量　投饵量根据饵料的种类、水温、水质及其当天摄食情况来定。驯饵结束后，根据“四定”（定质、定量、定时、定位）原则投喂，每日投喂的饵料占鳝体总重的6%～7%，在次日要及时清出残饵。

黄鳝网箱养殖因密度较大，当饲料投放不足时会相互咬伤而导致霉菌感染，在体表生长“白毛”，病鳝食欲减退而死亡。治疗方法是用食盐水和小苏打合剂泼洒。在饲料充足的情况下，不但可避免这一现象，即使同一网箱中放养的鳝种规格差异较大时，也不会发生相互残食现象。

5. 日常管理

（1）水质、水位调控　首要的是保持水位稳定，特别是夏季暴雨或高温干旱时，应及时调整网箱位置。夏季注意防暑，水位不宜过浅，防止水温过高而影响黄鳝的生长。在网箱内投入喜旱莲子草、凤眼莲、水浮莲等水生植物，可以有效地避暑。

虽然池塘中种植了水生植物，水质较好，溶解氧充足，适应了黄鳝生长对环境的要求，但春、秋季仍需6～8天换水一次，夏季可2～3天换水一次，换水量占全池的1/3～1/2。冬季池水温度降低，黄鳝停止摄食，进入冬眠状态，应及时做好防冻越冬工作。此时保持水位1.2米深以上，而且在网箱上加盖塑料薄膜，可有效避风防寒。

(2) 坚持巡塘　在平时的日常管理中，做好日常观察和检查，坚持早晚巡塘。要经常检查清洗网箱，一般在生长季节隔天清扫一次网箱，清扫时可用扫帚或高压水枪。要经常仔细检查箱体是否被水老鼠咬破，如有漏洞应及时修补，有条件的养殖户可在网箱养殖区外侧拦设围网防逃。要定期捞取网箱内过多的水生植物，防止水草生长过旺，长出箱体，否则在雨天易出现逃鳝现象。

随着黄鳝个体长大，应及时筛选分养，调整密度，防止黄鳝大吃小，根据黄鳝大小分养于不同网箱，约1个月分养一次。

七、黄鳝无公害稻田养殖

无公害稻田养殖黄鳝，黄鳝可摄食水生昆虫及幼虫，有利于水稻生长，水稻本身也为黄鳝栖息创造了条件，互生互利，既提高了水稻的产量，也收获了一定数量的黄鳝，综合效益显著，是实现农业增收、农民致富的又一途径（图4-18）。

1. 稻田的选择

应选择水源充足、水质良好、无污染、排灌自如、旱涝保收，且通风、透光、保水性能好、弱酸性土质的田块。

2. 稻田工程

加高、加宽、加固田埂，一般田埂宽应大于0.4米，并高出田

图 4-18 稻田养鳝

面 0.5 米以上，田埂夯实不漏水，并在田块排水口用密眼铁丝网罩好。其次要平整田块，在四周开挖宽、深 0.4～0.5 米的排水沟，田内再开数条纵横沟，宽、深 0.3～0.4 米，沟与沟相通，形成“井”字状，沟占稻田面积的 8%～10%。翻耕、暴晒、打碎泥土后，每亩施腐熟发酵的猪粪、牛粪 800～1200 千克作基肥，均匀撒于田块中。3 月底 4 月初，排水沟放 50～100 千克鸡粪，注水深 0.3 米，繁殖大型浮游动物供黄鳝摄食。

为防止黄鳝逃逸，可在稻田四周砌砖墙或土墙（图 4-19）。砖墙一般砌 1.1 米高的单砖墙，以水泥填缝，其中水位线下为 50 厘米，水位线上 60 厘米。土墙是将田埂加至 2 米宽，在埂的外围加 60 厘米的土墙（注意不能有缝），进水口、出水口用混凝土封好，再拦上铁丝网，然后在田中均匀地挖些沟，深 0.5～1.0 米，面积占稻田的 5%左右。

3. 水稻栽培

选择高产、优质、耐肥、抗倒伏的水稻品种，株行距 20 厘米×26 厘米。

4. 鳝种放养

选择无伤无病、游动活泼、规格整齐、体色发黄或棕红色的苗种。一般每亩放养 30～50 克/尾的鳝种 800～1000 尾，并套养 5%的泥鳅。泥鳅上下蹿游可增加水中溶解氧，也可防止黄鳝相互缠

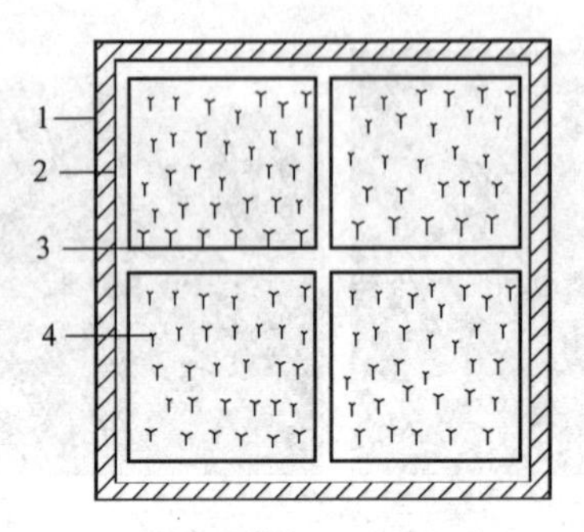

图 4-19　稻田工程

1—围墙；2—排水沟；3—田间沟；4—稻田

绕。放养时水温差不要太大，切勿用冷水冲洗鳝种，以防“感冒”。用 3%～5%食盐水浸泡鳝种 5～10 分钟，以杀灭体表病菌及寄生虫。

5. 饲养管理

(1) 饵料来源　可以因地制宜，通过以下方式收集或培养饵料生物。

① 直接培养陆生动物性饲料　黄鳝喜食饵料主要有蚯蚓、蝇蛆和黄粉虫，可利用小块零星荒地、庭院边角地和废旧沟塘，经过施畜禽粪肥，利用屠宰场的下脚料，辅以麸皮、糟渣等来培养。

② 同时培养陆生动物性饲料　主要为鳝蚓合养（在稻田的埂、垄上先施有机粪肥，再接种 100 克/米^{2}的太平 2 号蚯蚓）等，使蚯蚓、蝇蛆和黄粉虫等三种动物性饲料的数量占饲料总量的 60%以上。

③ 养殖收集水生动物性饲料　鱼、虾、螺、蚬、蚌、蝌蚪都能作为黄鳝的饲料。可利用鳝池早春空闲时养殖鲫鱼、泥鳅、蟾蜍等，用作黄鳝活饵料；另可根据当地资源情况，收集上述活饲料，经加工后，添加蚯蚓作引诱剂喂鳝；此外也可捞取水蚤、轮虫等大型浮游动物直接投入鳝池。

④ 光诱捕虫　在黄鳝养殖池上搭棚架种植一些瓜、豆等植物，

既可遮阴、降温，又能滋生昆虫，在鳝池上面吊挂黑光灯诱引昆虫入池供鳝捕食。

⑤ 利用其他饵料　收集畜禽的下脚料（如血液、内脏等），冲洗干净后，切细或绞碎煮熟后喂鳝；从缫丝厂购买蚕蛹，晒干后投入鳝池中喂鳝；此外，鳗鱼配合饲料也可喂鳝。但这些饲料都必须添加诱食剂，通过逐步引食方可喂鳝。

（2）投饲管理　根据黄鳝昼伏夜出的生活习性，初养阶段，可在傍晚投饵，以后逐渐提早投饵时间，经过 1～2 周的驯化，即可形成每天上午 9 时、下午 2 时、傍晚 6 时的集群摄食习惯。每次投喂根据天气、水温及残饵多少灵活掌握，一般为其体重的 5%左右。黄鳝是以肉食性为主的杂食性鱼类，喜食小鱼、蚯蚓、蛆等鲜活饵料，5～7 天投喂一次，投喂量为 30%～50%。把活饵放入排水沟，让黄鳝自由采食，并搭配一些蔬菜、麦麸等。生长期间也可投喂一些蛋白质较高的配合饵料，分多点投喂，确保黄鳝均匀摄食。动物性饵料一次不可投喂太多，以免败坏水质。夏季要勤检查食物，捞出剩饵，剔除病鳝。高温季节加深水位 15 厘米左右，以利于黄鳝生长。暴雨时及时排水，以防田水外溢导致黄鳝外逃。

6. 水质调节

保持水质清新、肥活、溶解氧丰富。黄鳝和水稻共同生活在一个环境，水质调节要根据水稻的生产并兼顾黄鳝的生活习性。初期，灌注新水以扶苗活棵；分蘖后期水层加深，控制无效分蘖，也利于黄鳝生长；生长期间，5～7 天换水一次，每次换水量 20%，并加高水位 10 厘米。每 15 天左右向田中泼洒一次生石灰水，每立方米水用生石灰 10～15 克。在闷热的夏天，应特别注意黄鳝的活动变化，如身体竖直、将头伸出水面，表示水体缺氧，需加注新水增氧。

7. 田间管理

协调好水稻田间管理和养鳝之间的关系，注重养鳝与水稻耕作制度的配合。施农药时，宜施高效低毒农药，防止农药过多直接落入水里。

（1）施肥　稻田要下基肥，在平田前施入，禾苗返青后，在中耕前施尿素1次，每平方米田块用尿素3克；施钾肥1次，每平方米用7克。水稻抽穗开花前追施有机肥1次，每平方米1500千克。为避免禾苗疯长和烧苗，有机肥的有形成分主要施在围沟靠田埂边及沟中，使其与沟底淤泥混合。

（2）病害防治　由于有黄鳝捕食稻田中的小型昆虫，因而稻田病害少，为防止稻飞蛾的危害，可喷洒1次叶蝉散乳剂。稻田饲养黄鳝的结果表明，杂草和虫害减少，稻谷生长也明显好于未放养黄鳝的稻田。应尽量不施农药或少施农药，非施不可时，尽可能使用高效低毒农药。

八、黄鳝室内静水无土生态养殖

在野生环境下，黄鳝常栖居于浅水泥土，这是由于泥土能提供稳定的温热条件和黑暗的生活环境。在生产中，以竹筒、砖瓦、水草等作鱼巢代替泥土，可以满足黄鳝的生活条件，进行无土养殖。相对有土养殖而言，黄鳝无土养殖具有建池成本低、观察管理方便、驯食配合饲料容易、有利于防治病虫害、效益较高等优点。目前无土养殖基本上采用流水养殖模式，但在水资源紧缺的地方，流水无土养殖模式又难以推广。黄鳝静水无土养殖却比流水无土养殖更容易推广。静水无土养殖节水节劳力，投资少，见效快，适应范围广，一般经过6～7个月的生产周期，黄鳝可增重3～5倍，每平方米鳝池纯收入可达100～150元。现将黄鳝静水无土养殖的关键技术简要介绍如下。

1. 水草放养

合理投放水草可净化水质，使鳝池换水次数减少为每月1～2次，且能起到防暑降温、减少应激反应、提供鱼巢、防治病虫害等作用。常见的水草有水花生、水葫芦、水浮莲、细绿萍等。在不同季节要按比例合理搭配水草，夏天以水葫芦和水浮莲为主，春秋以水花生和细绿萍为主，冬天不留水草以防止黄鳝栖身水草下而受冻。一般在鳝种放养前15天投放水草，投放前要用0.01%高锰酸钾溶液对水草浸泡半小时进行消毒。水草种植面积不宜超过全池面积的2/3，至少要空出1/3鱼池面积来设置食台和便于黄鳝活动。在日常管理中要及时将多余的水草捞出或将过长的水草刈割，并结合鳝池消毒在草上泼洒0.1毫克/升生石灰防止水草感染病菌。

2. 鱼巢设置

各种管子、竹筒、砖瓦、废轮胎、水草、丝瓜络、棕片、聚乙烯网片等都可以作鱼巢。生产中一般用废旧自行车轮胎经高锰酸钾溶液消毒后作鳝巢效果比较好，轮胎置入水草下面，每个小池可放5～6个轮胎；也可用竹筒，两根竹筒为一排，每池设3～5排，每排间距0.3米左右。每排竹筒下垫砖头，使竹巢下面有较大空间，便于流水排污。为固定竹巢，最好在其洞口上方压放砖头，还起到遮光隐蔽作用。

3. 避暑遮阴

黄鳝静水无土养殖池较小（15～20米^2），水位浅（15～20厘米），在夏天水温极易超过30℃，因此对水池进行遮阴避暑措施必不可少。一般在池上搭架遮阴网，并在池边种植葡萄、丝瓜、南瓜等攀援植物。但注意池水面要留有10%～30%的光线。气温超过30℃时，要加深池中水位，降低黄鳝密度，并缓缓注入新水（采用地下水调节鱼池水温）。

4. 水质调控

（1）交叉消毒　水体每隔10～15天用生石灰0.1毫克/升或1毫克/升漂白粉全池泼洒，交叉使用。北方水质偏碱，使用漂白粉的次数要少一些；南方水质偏酸，使用生石灰的次数可多些。

（2）保持合适的水位　黄鳝吃食和呼吸需经常把头部伸出水面，为减少黄鳝体力消耗，水位宜浅。但水位太浅，水温就变化快，黄鳝的活动空间又小，极不利于黄鳝的生长发育。因此，一般水位为10～15厘米，气温高时可加深至25厘米。如果水草生长繁茂，每月换水1次即可，一般要根据水分蒸发量及时补充清水。

（3）保持生物多样性　鳝池要放养田螺、小杂鱼、泥鳅等来清除残饵以调节水质。但要注意这些生物应在量上保持合理的比例关系。每平方米鳝池放养泥鳅不宜超过0.3千克，泥鳅宜在黄鳝驯食配合饲料后放养，方可充分发挥泥鳅吃食黄鳝粪便等作用。放养蟾蜍对于防止黄鳝特有的梅花斑病有特效，一般每个小池放1～2只即可。每平方米水池放养田螺不宜超过0.25千克。另外，还可在池中培育适量的绿藻等。

5. 病虫害生态防治

（1）调节水温　黄鳝生长的适宜温度为15～28℃，最佳摄食温度为23～26℃。当水温升高时，喜低温的病原体生长繁殖就受到抑制，会使一些病害（如水霉病、白点病）少发生；注意水温日温差不宜超过10℃，否则极易出现打印病。另外，调节水温到最佳温度，可促进黄鳝摄食，增强其体质。

（2）调节密度　黄鳝放养密度应视鳝池大小、种苗规格、饲料和管理水平而定。规格一般以每尾15～20克为宜，每平方米放养80～150尾，放养密度为1.5～2千克/米^2，一般不宜超过3千克/米^2，要注意及时分池。

（3）中草药防治　中草药防治的主要途径是在配合饲料中添加已经粉碎的中草药或泡制的中草药制剂，也可用中草药液全池泼洒或将新鲜中草药植物茎叶浸泡于鳝池中。目前已被证实对黄鳝有效的中草药有马齿苋、大黄、黄芪、五倍子、苦楝树或果实、贯众、水辣蓼等。

（4）杀灭寄生虫　黄鳝肠道寄生虫尤其是新棘虫、毛细线虫寄生率和寄生强度非常高，这也是黄鳝生长慢、免疫力下降的重要原因。所以，利用野生鳝种养殖要“治病先治虫”，一旦驯食配合饲料成功，要立即着手杀灭寄生虫。

另外，如同有土养殖一样，静水无土养殖还要注意科学建池和及时脱碱、严格筛选鱼种、合理驯食配合饲料、加强鳝池日常管

理等。

6. 养殖注意事项

(1) 环境要求　黄鳝室内静水无土生态养殖不同于室外养殖，室温比较稳定，日温差小，黄鳝越夏和越冬相对容易。鳝池面积一般为6～10米^2，水位较浅（0.06～0.08米），鳝池外壁高25～30厘米，只需设置排水口，无进水口和溢水口，黄鳝容易驯化摄食。另外，室内养殖比较安全，容易防盗。

该模式的缺点是室内光线差，水草生长不好，水质不易调控，要求勤换水。黄鳝生长速度低于室外，生产成本偏高，黄鳝易患细菌性烂尾病和赤皮病。

(2) 鱼巢设置　鱼巢对于黄鳝生态养殖有重要作用。试验表明：室内静水无土养殖黄鳝，设置鱼巢比不设置鱼巢鳝摄食量大，生长速度快，饵料系数低。引进野生苗种进行养殖时，这点比较明显（特别是投放苗种1个月内）。

另外，研究发现，多次将黄鳝标记后放入室内无土养殖，投入少量PVC管，黄鳝对鱼巢的独占性不强，大小鱼进进出出，很少发生撕咬现象。在鱼巢设置中要利用这一特征。

野生黄鳝鱼巢是泥和石隙，人工养殖黄鳝鱼巢是各种管子、竹筒、砖隙、水草等。由于黄鳝有一定的群聚性，鱼巢面积不可太小。鱼巢设置的原则是：便于黄鳝自由进出，内部黑暗无光，有足够的空间。水草以水花生较好。

(3) 泥鳅与蟾蜍的放养　多数养殖户在鱼池中放泥鳅，鳝鳅比例一般为（10～20）∶1，但究竟是数量比还是重量比，许多资料介绍不一致。黄鳝摄食量（干重）一般为其体重的1%～2%，放养密度一般不超过3千克/米^2，放养泥鳅不宜超过0.3千克/米^2。要注意的是，泥鳅宜在黄鳝驯化摄食配合饲料后放养，方可发挥泥鳅吃食黄鳝粪便、防止黄鳝“发烧”的作用。

放养蟾蜍对防止黄鳝梅花斑病有特效。每个小池一般放1～2只即可。由于室内无土养殖池较浅，蟾蜍容易跑出，一定要用线拴住。

(4) 日常管理

① 水质调控　室内静水无土生态养殖黄鳝的水质比室外要求高。要保持水质清新，鳝池水体的pH、透明度、溶解氧、氨氮、温度、亚硝酸盐等生态因子要适宜。每10～15天用生石灰10克/米^{2}或漂白粉1克/米^{3}全池泼洒消毒。北方水质偏碱，使用漂白粉的次数可少一些；南方水质偏酸，使用生石灰的次数可多一些。夏季一般3～4天换一次水，春、秋季7天换一次，且每次换水要彻底。若室内光线好或有人工光照，水草生长较好，换水次数可减少，但要注意经常补水，水深不宜超过0.1米。在换水时，要控制进水与池内水温差。

② 饲养管理　鳝种投放7～10天后，驯化黄鳝吃食配合饲料（饲料软湿成团或用绞肉机绞成条状），吃食正常后，投饵要做到定时、定点、定质和定量，使黄鳝形成集群摄食的习惯。每天还要清洁食台，以免败坏水质。

(5) 病虫防治　室内静水无土生态养殖黄鳝，池内生物多样性低，中间宿主少，寄生虫虫卵和幼体不易滞留水体。因此，寄生虫危害不如其他养殖模式严重。常见的病害为细菌性烂尾病、赤皮病和神经紊乱症等。这里着重介绍赤皮病和神经紊乱症的防治方法。

① 赤皮病　此病一年四季都可发生，是目前黄鳝养殖中较为严重的病害，大小黄鳝均可患此病，多为捕捞或运输造成外伤，细菌入侵引起。症状：体表发炎充血，食欲减退，活动减少，严重时全身发红，黏液脱落，肛门红肿，一般与肠炎病和烂尾病并发，发病1周左右死亡。目前，此病治疗比较困难，主要以预防为主，如在饲料内拌土霉素、磺胺类药物等；池水浸沤枫树叶、蓖麻叶；池水定期交叉清毒；严格筛选鱼种并及时用药物处理。发病时，用2克/米^{3}五倍子煎水全池泼洒2～3天或用生石灰和鱼康泰泼洒，有一定效果。

② 神经紊乱症　此病是近几年发现的鳝病，发病率和死亡率呈上升趋势，其病因有待研究。症状：鳝体扭曲似弹簧，受惊时狂窜或打转。体表无明显异常，嘴角颜色变浅或发黄，早期尚吃食，

病程长短不一，长者可达1个月。防治方法：早期尚吃食时补充维生素及优质饲料；及时采用药物处理，防止进一步感染并发其他疾病；设置好鱼巢，减少光照和其他人为干扰刺激等。

第三节

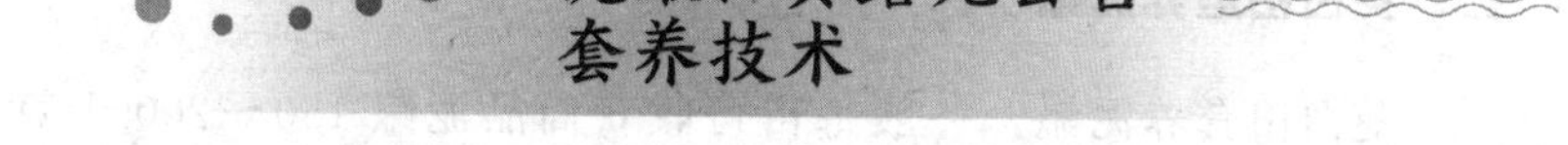

泥鳅、黄鳝无公害套养技术

一、泥鳅养殖常见模式之稻田养殖

1. 稻鳅兼作型

稻鳅兼作型即稻鳅同养型，就是边种稻边养泥鳅，稻鳅两不误，力争双丰收。水稻田翻耕、晒田后，在鱼溜底部铺上有机肥作基肥，主要用来培养生物饵料供泥鳅摄食，然后整田。泥鳅种苗一般在插完稻秧后放养，单季稻田最好在第一次除草以后放养，双季稻田最好在第二季稻秧插完后放养。

单季稻养泥鳅，顾名思义就是在一季稻田中养泥鳅。单季稻主要是中稻田，也有用早稻田养殖泥鳅的。双季稻养泥鳅，顾名思义就是在同一稻田连种两季水稻，泥鳅也在这两季稻田中连养，不需转养。

2. 稻鳅轮作型

先种一季水稻后，待水稻收割后晒田4～5天，施好有机肥培肥水质后，再暴晒4～5天，蓄水到40厘米深，然后投放泥鳅种苗，轮养下一茬的泥鳅，待泥鳅养成捕捞后，再开始下一个水稻生产周期，就这样做到动、植物双方轮流种养殖。它的优点是利用本地光照时间长的特点，当早稻收割后，可以加深水位，人为形成深浅适宜的“稻田型池塘”，有利于保持稻田养殖泥鳅的生态环境。另外，水稻收割后稻草最好还田，稻草本身可以作为泥鳅的饵料，加上它在稻田慢慢腐败后可以培养大量的浮游生物，确保泥鳅有更

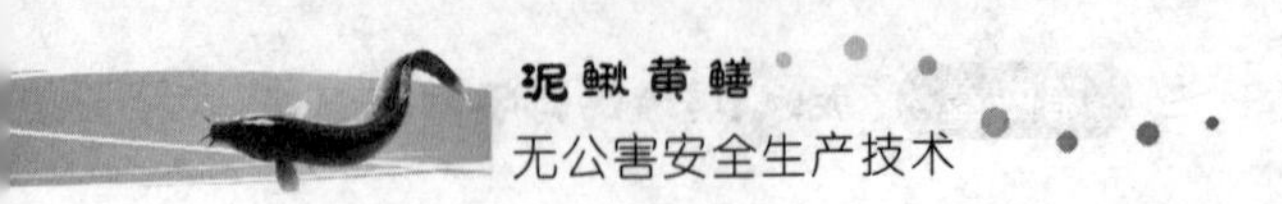

充足的养料，当然稻草也可以为泥鳅提供隐蔽的场所。

3. 稻鳅间作型

这种方式利用较少，就是利用稻田栽秧前的间隙培育泥鳅，然后将泥鳅起捕出售，稻田单独用来栽晚稻或中稻，这种模式主要是用来暂养泥鳅或囤养泥鳅。

二、茭白田里养泥鳅

茭白田套养泥鳅，一般每亩可收获商品泥鳅150～200千克、茭白800千克以上，经济效益十分可观。

1. 田块选择

选择水源充足、水质良好、排灌方便的田块。面积1～2亩为宜，底质以沙壤土为佳。

2. 田块修整

鳅沟开挖成“田”字形或“目”字形，沟宽40厘米，深50厘米。鳅窝设在田块的四角或对角，宽1～2米，深50～60厘米，鳅窝与鳅沟相通。鳅沟、鳅窝面积占田块总面积的3%～6%。加高田埂，使田埂高出田板60厘米，田埂顶宽30厘米。田埂内坡覆盖地膜，以防田埂开裂渗漏、滑坡。田埂四周围薄膜墙，高度为60～80厘米。进排水口对角设置，出水管绑40目筛绢过滤袋，排水口安装密眼铁丝网制成的拦鳅栅。

3. 茭白移植

茭白忌连作，一般3～4年轮作一次。轮作田块可在春季3月份茭白老茬分蘖期移植，新苗要略带老根，行、株距均为0.5米，浅栽，水位保持在10～15厘米。

4. 消毒施肥

鳅苗放养前10天左右，每亩用生石灰15～20千克或漂白粉1～2.5千克，兑水搅拌后均匀泼洒。茭白田灌水前，每亩施经发酵的猪粪、牛粪等600千克左右，其中250千克均匀施于鳅沟，其

余的施在田块上并深翻入土。

5. 鳅苗放养

放养亲鳅繁殖，每亩放养10～15千克，雌雄比例为1∶1.5，于茭白移植成活后放养。放养鳅苗，以放养3厘米以上的夏花为好，每亩放养0.8万～1万尾，待追施的化肥全部沉淀后（一般在茭白移植后10天），可先放20～30尾进行“试水”，在确定水质安全后再放苗。放养前对鳅体进行消毒，可用1.5毫克/升的漂白粉溶液进行浸洗，在水温10～15℃时浸洗15～20分钟；或用2.5%食盐水浸洗30分钟。

6. 饲养管理

(1) 施肥　定期在鳅沟、鳅窝中追施经发酵的畜禽粪等，也可施用氮、磷、钾等化肥。田水透明度控制在15～20厘米，水色以黄绿色为好。

(2) 投喂　泥鳅食谱很广，喜食畜禽内脏、猪血、鱼粉和米糠、麸皮、豆腐渣以及人工配合饲料等。当水温在20～23℃时，动物性、植物性饲料应各占50%，水温24～28℃时，动物性饲料应占70%。每天上午7～10时和下午4～6时各投喂1次，日投喂量为泥鳅体重的3%～5%。

7. 日常管理

(1) 水质调节　茭白移植和泥鳅放养初期，水位保持在10～15厘米，随着茭白长高、鱼种长大，逐步加高水位至20厘米左右。茭田排水时，不宜过急过快；夏季高温天气要适当提高水位或换水降温。

(2) 巡田　坚持每天巡田，做好防逃和防敌害工作。

(3) 慎用农药　防治茭白病虫害应尽量采用高效低毒农药，严格控制安全用量。茭白主要病虫害有长绿飞虱和锈病。防治长绿飞虱可选用扑虱灵、阿克泰、吡虫啉等；防治锈病可用硫黄悬浮剂。施药前水位要加高10厘米，施药时喷雾器的喷嘴横向朝上，尽量把药剂喷在茭叶上。

三、莲藕塘黄鳝与泥鳅混养技术

近几年来，一些莲藕种植户为提高种植的综合效益，在莲藕塘中混养黄鳝、泥鳅，这种种养结合的生态农业模式取得了显著的经济效益和社会效益。现将莲藕塘黄鳝、泥鳅混养技术介绍如下。

1. 莲藕塘的准备

面积1～1.5亩，要求莲藕塘底土质松软、水源充足、排灌方便。在塘四周开挖围沟，沟宽1.5米、深0.5米。围沟上均匀建造6个集鱼坑，每个集鱼坑面积10～15米^2、深0.5米。塘中开挖纵横沟，沟宽0.8米、深0.4米，呈“井”字形，并与围沟和集鱼坑相通。在沟、坑内设有竹筒、破瓦、砖块等作鱼巢，让黄鳝、泥鳅隐蔽栖息。进水口、出水口在塘的对角设立。塘四周用高1米的聚乙烯网片围住。在莲藕发芽前，用生石灰1200千克/公顷消毒。莲藕栽培按常规进行，在4月前种植完。鳝种、鳅种放养前10天，在沟、坑内施禽畜粪3750千克/公顷，注水深30厘米，培育生物饵料。池水的深浅以养泥鳅为主来考虑。池水应适当深一些，可以充分发挥水域生产潜能。在混养池内种植水草，水草支持黄鳝到水面呼吸，同时莲藕可以为黄鳝和泥鳅防暑降温，净化水质，提供优良的栖息环境。

2. 鳝种与鳅种放养

饲养品种和苗种都应选择生长快的品种放养。由于目前我国黄鳝、泥鳅繁殖技术尚未完全达到批量生产水平，许多养殖者多用收购的野生苗种，这些苗种因暂养和运输操作不科学，放养后的死亡率很高，造成混养比例失调和数量不足，影响产量。购苗种时，应认真地考察和辨认，尽量采用人工繁殖的苗种。从5月上旬开始放养鳝种、鳅种，规格要求基本一致。鳝种规格32～40尾/千克，放养1200千克/公顷；鳅种规格80尾/千克，放养450千克/公顷。在高密度饲养时，可以减少黄鳝因缺氧造成的互相缠绕，预防“发烧病”。要求放养的鳝种、鳅种无伤无病，体质肥壮，放养前用

3%食盐水浸泡5～8分钟。鳝种、鳅种来源有野外捕捉、市场购买和人工繁育等。由于人工繁育鳝种、鳅种尚无生产性突破，目前成鳝、成鳅养殖的鳝种、鳅种主要是来源于野外捕捉或市场采购，或是野外捕捉、市场购买和人工繁育三者结合。

3. 饲料投喂

在黄鳝、泥鳅混养中，既要满足它们共同的饲养要求，又要依据各自的生物学特性，采取相应措施，发挥所长，做到相互配合，相互补充，协调生长。在饲喂方面，可以以养黄鳝为主来考虑。黄鳝是一种肉食性的鱼类，对植物性的饲料（如麦饼、菜饼等）只有在严重饥饿且缺饵时，才吞食一些。为了满足黄鳝生命活动的需要，应投喂动物性饲料和全价配合饲料，少喂或不喂植物性饲料。同时，黄鳝吃饲料有一定的固定性，改变饲料种类，黄鳝一时难以适应而拒食，会影响其正常生长。因此，在混合饲养中，对饲料不应频繁更换，以免造成大量饲料浪费，增加饲养成本。在集鱼坑设置食台，傍晚投喂。投喂量以次日清晨吃完不留残饵为度。饵料主要是人工培育的蚯蚓，蚯蚓缺乏时，投喂蝌蚪、蝇蛆、螺蛳肉、小杂鱼等。泥鳅、黄鳝的排泄物在莲藕塘中可以被莲藕吸收，有益于莲藕生长，同时莲藕塘内的水质也得到净化。黄鳝只食鲜活饵料，一般情况下，腐烂饵料、动物尸体还有水中的浮游植物黄鳝都不食，但泥鳅能吃这些饵料，有“清道夫”的作用，可减轻残饵对水体的污染。因此，泥鳅吃黄鳝的残饵、粪便及田中的天然饵料，不需要另外投饵。同时，泥鳅的繁殖能力较强，在莲藕塘黄鳝、泥鳅混养时，在繁殖季节成熟泥鳅繁殖的鳅苗、鳅种都可以作为黄鳝的优质饲料。

4. 日常管理

每天巡视莲藕塘，发现问题及时解决。莲藕塘的水位以满足莲藕的生长为准，遇下雨天注意及时排水，防止漫水跑鱼；及时摘除莲藕过多的浮叶和早生叶，保证莲藕塘通风透光；夏季在田沟和集鱼坑养水葫芦等水生植物。在饲养期间，整个莲藕塘保持微流水状态；在莲藕塘放养蟾蜍450～600只/公顷，利用蟾蜍分泌蟾酥杀菌，防治黄鳝、泥鳅细菌性疾病，用泼洒生石灰和用猪血诱捕控制水蛭，防止传播疾病。泥鳅喜欢在水中上下蹿动，能将塘底有害气体（硫化氢等）带到水的表层，逸散于空气中，减少毒害作用；同时增加了上下水层的垂直流动，使下层水的氧气得以提高。泥鳅可作为水体溶解氧的指示生物。水体缺氧，泥鳅会频繁地浮出水面，可以根据这一现象判断水体是否缺氧。

5. 收获

7～8月为青荷藕主要采收期。从10月初开始陆续起捕黄鳝和泥鳅上市，至11月底捕完。枯荷藕可采至翌年4月底，结合翻土收莲藕将黄鳝、泥鳅逐一捕光。

第四节 泥鳅、黄鳝无公害混养技术

一、泥鳅与河蟹混养

1. 池塘条件

蟹池面积10～30亩。冬季晒塘后，每亩用生石灰150千克，全池泼洒消毒。清塘后20天，进水20～30厘米，种植伊乐藻、轮叶黑藻、苦草等复合型水草，种植面积达到池塘养殖面积的50%左右。

2. 苗种放养与管理

2～4月份，每亩投放螺蛳300～400千克，净化水质，为河蟹、泥鳅提供动物性蛋白质饵料。2月上旬至2月中旬投放体质健全、活力强、无病无伤、规格整齐的扣蟹。4月初亩放养260～300尾/千克的泥鳅大规格苗种1万～2万尾。养殖全程投喂河蟹配合饲料，泥鳅不投或少量投喂浮性饲料，泥鳅种投放量大的池塘，投喂膨化饲料，每天投喂一次，投喂时间比河蟹早 2 小时，投喂量以 2 小时内吃完为宜。分开投喂有效避免了泥鳅与河蟹争食导致浑水，影响池塘水质和水草生长，泥鳅种放养量少的池塘不单独投喂泥鳅。

3. 收获

经过 90～120 天养殖，7 月底开始用地笼捕捞泥鳅上市，至 9 月底河蟹开始活动前泥鳅捕捞结束，亩产泥鳅 50～220 千克，规格 45～55 尾/千克，亩产值 10000～12000 元，亩收益 5000～6000 元。

二、泥鳅与草鱼种混养

1. 池塘条件

池塘东西走向，池底平坦，淤泥少，进排水方便，面积 2～5 亩。放养前半个月用生石灰 125 千克/亩对养殖池塘彻底消毒，过 1 周后再向池塘加注新水，细密网过滤，防止野杂鱼进入。

2. 鱼种放养

4 月初放养泥鳅鱼种，每亩放养规格为 260 尾/千克大规格泥鳅种 1.5 万～1.8 万尾；5 月底将鱼体丰满、大而整齐、体色光亮、鳞片完整无缺、摄食力强、逆水性好的草鱼夏花，选择晴天上午投放，亩放规格为 2000 尾/千克的草鱼夏花鱼种 4000～5000 尾，下池前用聚维酮碘溶液浸泡 10～20 分钟，夏花入池前后水温差低于 2℃。草鱼夏花入池后主要投喂豆浆，豆浆营养丰富，能满足鱼苗的营养需求，水质易肥而且稳定。用豆浆投喂 20 天后，改投喂草鱼配合饲料，不单独投喂泥鳅饲料。随鱼体的增长，及时加注新水，每月 3 次，每次 10～15 厘米，保持水深 1.2～1.5 米，每月每亩施一次生石灰 15～20 千克。

3. 收获

7 月中下旬开始用地笼捕捞泥鳅上市，12 月底草鱼规格达 150

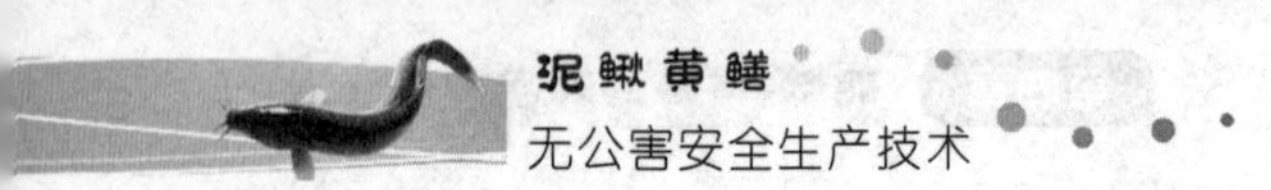

克/尾，捕捞草鱼种上市销售。池塘亩综合产值逾万元，亩利润5000元以上。

三、泥鳅与甲鱼混养

1. 池塘条件

仿生态养殖甲鱼池面积2～3亩，水源充足，水质良好，排灌方便。池塘四周用石棉瓦、砖墙或水泥预制板作为防逃墙。防逃墙高度应在1米左右。每个池塘放置用木板或水泥预制板做成的食台2～3个。

2. 苗种放养

放养前做好彻底清塘消毒、培肥水质等工作。甲鱼苗种要求行动敏捷、体质健壮、无病无伤、规格整齐。规格100～200克/只，亩放养200～300只，下塘前用10～20毫克/升高锰酸钾溶液浸洗20分钟，或用3%～4%食盐溶液进行浸浴消毒5～10分钟。鳅苗可选择本地优质青鳅亲本自繁，4月中旬，挑选性腺发育较好的青鳅亲本，每亩5～10千克，雌雄比例为1∶2，打完催产针后放入池中自行产卵，待产卵结束后取走亲鳅，卵在塘中孵化为鳅苗；也可放养大规格台湾泥鳅鳅种，4月底至5月初，每亩放养5厘米以上鳅种3万～5万尾。养殖期间甲鱼投喂45%～48%蛋白质配合饲料，每天下午投喂一次；泥鳅可选用全价配合饲料，也可使用自配饲料。

3. 收获

台湾泥鳅生长较快，7月就可长至50尾/千克，10月就可达10～15尾/千克；青鳅生长较慢，9月用地笼捕捞上市，可亩产泥鳅500～600千克。

四、大面积大水面鱼鳝无公害混养

一般黄鳝养殖均在较小水体进行，如水泥池、土池等。黄鳝也可以在较大水面里养殖。

1. 水体基本情况

面积 100 亩，平均水深 1.2 米，浅水区占 1/3，池埂坚实不渗漏。

2. 种苗放养情况

放养的模式为黄鳝加滤食性鱼类，以白鲢为主。

(1) 鳝种放养　每年 5～6 月放养鳝种，规格为 40～50 尾/千克，数量 110 千克，密度为每亩放养鳝种 1.1 千克，50～60 尾。翌年 5～7 月放养鳝种的规格与上年相同，放养量为 200 千克，每亩放养 2 千克。

(2) 鱼种放养

① 鲢鱼　第一年 3 月放养鲢鱼 1000 千克，规格 15 尾/千克，每亩放养 10 千克，翌年放养鲢鱼情况同上年一样。

② 银鲫　第一年 6 月放养银鲫火片 35 万尾，翌年 6 月放养 40 万尾。

③ 泥鳅　第一年 5～6 月放养泥鳅 150 千克，翌年 5～7 月放养 200 千克。

3. 收获情况

(1) 黄鳝　第一年 8 月至 11 月捕捞黄鳝 930 千克，每亩产量为 9.3 千克；翌年 8～11 月收获黄鳝 1550 千克，每亩产量为 15.5 千克。

(2) 白鲢　第一年 12 月收获白鲢 11800 千克，每亩产量为 118 千克；翌年 12 月收获白鲢 12600 千克，每亩产量为 126 千克。

(3) 银鲫　第一年 12 月收获 13100 千克，每亩平均产 131 千克；翌年收获 15000 千克，每亩平均产 150 千克。

(4) 泥鳅　第一年 8～11 月收获 900 千克，每亩平均产 9 千克；翌年收获 2000 千克，每亩平均产 20 千克。

4. 技术措施

(1) 严格把好鳝种质量关　选择的鳝种体质健壮，无病无伤，规格整齐。同时，注意鳝种捕起后立即投放，尽量减少鳝种的暂养

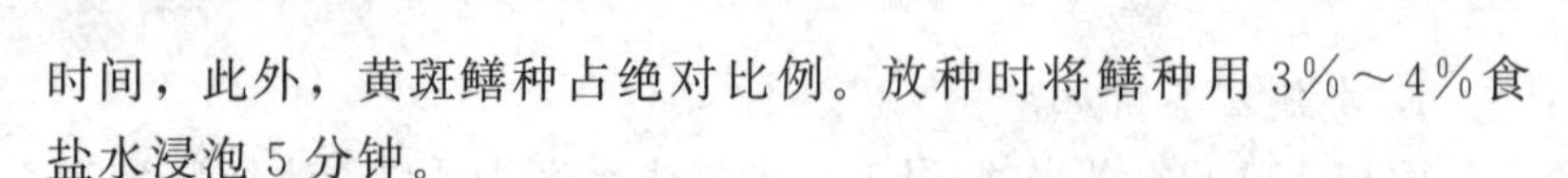

时间，此外，黄斑鳝种占绝对比例。放种时将鳝种用3%～4%食盐水浸泡5分钟。

（2）控制好水质　大水面水体大，水质相对稳定性好，一旦发生恶化，很难急救，工作量和成本均很大。养殖期间，饵料均用颗粒饲料，根据存塘鱼体重每10天调整一次投饵量，做到饵料不剩余。高温季节勤加换水，7～8月每2天加换水1次，每次换水1/4～1/3。

（3）重视水生植物种植　黄鳝喜阴凉环境，其繁殖又需水生植物，本试验塘口，有一部分浅水区，移植了水花生，深水区栽种荷藕，水生植物覆盖面积占总面积的15%左右。

（4）加强防逃　混养黄鳝，放养的密度比较低，无须专门投喂，但防逃相当重要。一是进、出水口防逃；二是堤埂防逃。进、出水口均用细铁丝网作防逃栅，危险的堤埂用聚乙烯，网片深埋土中，防止黄鳝打洞穿过堤埂逃逸。

5. 经验体会

（1）大水面鱼鳝混养，一般每亩鱼产量在250～300千克，黄鳝产量在10～15千克。产量过高，水质不易控制，易造成泛塘死亡。黄鳝放养量过大，造成上市规格不大，且易相互残杀。

（2）黄鳝喜生活在土中，不易捕捞干净，第二年上市，规格也增大，价格更高。加之当年繁殖的幼鳝，规格小，上市价格低，需留塘，翌年上市。故大水面鱼鳝混养，养殖期要2年以上，经济效益更佳。

（3）大水面混养黄鳝，一定要配套放养泥鳅。泥鳅繁殖快，小泥鳅又是黄鳝的活饵料，泥鳅的存在既可消除残饵，改善水质，又可增加经济收入。

五、鳝鳅虾蟹螺蚌同池混养

为了充分利用水体，提高池塘综合经济效益，根据生态循环立体开发原则，发挥池塘生产潜力，采取模拟自然环境，结合生产具体条件，讲究科学饲养方法，提高复养并种指数。无公害池塘“鳝

鳅虾蟹螺蚌同池共生”新模式在一些乡镇也取得了一定的效益。

1. 池塘条件

池塘为近正方形，四周沟宽 8 米、深 0.6～0.8 米，滩面可提水至 1.2 米，池底为沙质土壤，淤泥较少，水源水质良好，注排水设施齐全，塘内设 2 吨水泥船一只，用于投饵、施肥和管理。池塘内侧用密眼聚乙烯网布埋入土中作护坡和防鳝、鳅、克氏螯虾、蟹等钻洞。一个养殖周期开始时，池塘要清淤修补，用生石灰、茶籽饼等药物严格消毒，经过滤注水后，施足基肥，培养天然饵料，并栽种苦草、伊乐藻等水生植物。

2. 苗种放养

① 河蟹　5 月份前放养每千克 1000 只左右早繁大眼幼体培育的“豆蟹”，每亩 1800 只。

② 青虾　清塘后即可放养幼虾，每亩 3～5 千克，或 4 月份前后放养每千克 80 尾的抱卵亲虾，每亩 0.5 千克。

③ 鱼种　清塘后放养每千克 20 尾左右的异育银鲫鱼种，每亩 4.5 千克；中后期由于水生植物生长过于茂盛，放养草鱼 9 千克控制水草。

④ 螺蚌　“清明”节前后大量投放螺蛳、河蚌，让其自然繁殖。

⑤ 其他品种　常年养殖虾蟹的池塘，由于极少使用剧毒农药，保护了池塘中黄鳝、泥鳅和克氏螯虾天然资源。一般不需要另放苗种，让其在池塘中自然繁殖和生长。该养殖仅在 6 月份补放了每千克 30 尾左右的鳝种，每亩 0.4 千克；补放每千克 40 尾左右的鳅种，每亩 0.6 千克。

3. 施肥投饵

由于采取模拟自然生态养殖方式，以廉价的肥料（鸡粪）培养和繁殖天然饵料（浮游动物、底栖生物、螺蛳、河蚌、水生植物等），供养殖品种自由觅食。人工投饵仅作为补充，全期共投喂豆饼每亩 33 千克、麸皮 22 千克、米糠 22 千克、小杂鱼等荤饲料 43

千克。投饵施肥根据天气、水质、天然饵料数量、养殖品种存塘量和生长季节灵活掌握。

4. 水质调节

每天早晚巡塘一次，根据天气、水质、浮头情况随时加注新水增氧。正常情况下每周加水一次，每次加水量视池塘蚀水情况，一般注水20～30厘米，保持溶解氧充足，水位相对稳定，透明度在25厘米左右，水质达到“肥、活、嫩、爽”的要求。每个月全池泼洒一次生石灰，以起到调节池水pH值等作用。

5. 病害防治

在整个养殖生产过程中，鱼种放养前用3%食盐水浸洗10分钟。虾、蟹种放养时用50毫克/升高锰酸钾药浴2～3分钟。在生长季节每半月加喂一次药饵（50千克饵料加土霉素25克，每天2次，连喂3天）。另外，饵料台、工具等经常用漂白粉消毒。

6. 产品捕捞

鳝、鳅、青虾、克氏螯虾常年用地笼捕捞，采取捕大留小的方法，只要达到上市规格，都要捕出销售。成蟹在“重阳”节后，傍晚在塘边池埂上徒手捕捉，并结合地笼捕捞，直至11月底全塘捕捞，腾塘供下一个周期使用。

六、黄鳝黄颡鱼泥鳅立体养殖

采用黄鳝、黄颡鱼池塘高效生态立体养殖模式每亩水面可增加产值约5000元，可节省成本1000元以上。其主要技术介绍如下。

① 饲养池塘10～50亩，水深1.5米，配2台5千瓦的纳米增氧机。

② 池中安置长方形或正方形网箱。

③ 投放鳝种前15～20天在网箱中移植水草覆盖50%水面和放养蟾蜍1只。

④ 每亩放养10克左右黄颡鱼5000尾，每亩套养泥鳅1000尾、白鲢500尾、花鲢100尾。

⑤ 6～7月放养20～50克/尾的鳝种1.5～2千克/米^2。

⑥ 放养第3天开始用切碎的新鲜蚯蚓驯食，逐渐减少鲜蚯蚓量，增加配合饲料量，直至全部使用配合饲料饲养。

七、藕田鳝鳅混养技术

藕田混养鳝、鳅，不但增加了收入，也大大改善了田间的生态环境，使田块植藕年限延长，提高了品质，减少了病虫害。现将技术总结如下。

1. 田块的选择

选用水源充足、无农药和其他毒物污染、排灌方便、土质疏松并留有种藕的田块。2月开始藕田建设。田四周开挖宽1～2米、深0.4～0.5米的围沟；在围沟四周和四角建坑池，每个坑池面积10米^{2}左右、深0.8米，坑底铺0.3米厚的肥田泥；田中开挖数条纵横沟，宽0.5米、深0.4米，呈“井”字形并与沟坑相通，沟、坑面积占藕田面积的15%～20%；沟、坑内设置若干管子、竹筒、砖隙等作鱼巢；田的四壁用红砖砌好，防止鳝鳅逃跑。

在莲藕开始发芽前每1亩用70千克新鲜生石灰清田。鳝种放养前10天，在沟、坑内每亩施畜禽粪250～300千克，注水深30厘米，以繁殖大型浮游生物，供鳝、鳅种摄食。

2. 鳝、鳅种的放养

鳝种要求体形匀称、游动自如、体表光滑、黏液分泌正常。收集野生苗种宜选笼捕苗。鳝种规格以30～60克/尾为宜，在4月初至5月下旬，水温高于15℃时选择晴天投放入藕田的坑池中，投放量0.4～0.5千克/米^2，投放前用4%食盐水浸洗消毒。泥鳅投放规格以60～80尾/千克为宜，投放量占黄鳝的40%左右。

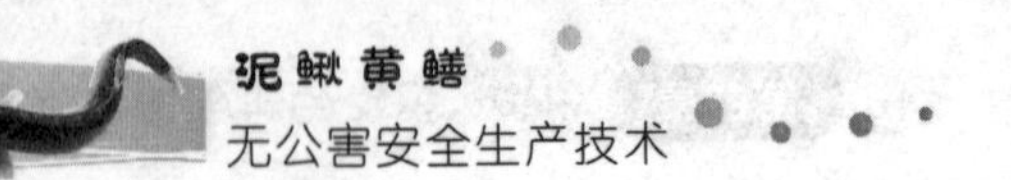

3. 饵料投喂

坚持“四定”原则。在坑边设置食台，投喂在傍晚进行。当气温低、气压低时少投；天气晴好、气温高时多投，以第二天早上不留残饵为准。饵料来源主要靠自培的蚯蚓，投饵量占黄鳝体重的4%～6%，投喂蚯蚓时可借鉴笼捕黄鳝的做法，即将蚯蚓在燃烧的稻草上轻微过火，然后投喂，这样能提高黄鳝的食欲。蚯蚓短缺时可投喂蝌蚪、蝇蛆、螺蛳肉、小杂鱼等，辅以米饭、面条、瓜果皮等植物性饵料。在5～10月晚上，于沟、坑上挂几盏3～8瓦节能黑光灯引诱昆虫，供黄鳝吞食，一般诱虫高峰有3个阶段，即5月下旬、7月下旬、9月下旬。泥鳅能摄食黄鳝残饵、粪便及田中天然饵料。

4. 日常管理

每天巡田2次，早、晚各1次，观察鳝、鳅和藕的生长情况。在水位调节上偏重于藕的生长需要，下雨天及时排水；严防水蛇、田鼠、家禽等敌害进入藕田。及时摘除过多的浮叶和衰老的早生叶，以保持藕田通风透光，发现异常情况立即采取有效措施处理。整个养殖过程最好保持微流水，流速在0.8米^3/秒左右，流速太大容易造成黄鳝逆水游泳，消耗体力。夏季每半个月换水1次，在养殖过程中，如水质过于混浊，可撒入明矾。

夏季有时气温高达35～42℃，为了防止高温死鳝，要在围坑和坑池中移植水葫芦、水花生等水生植物。水草在移植前用100毫克/升高锰酸钾溶液浸泡半小时消毒。夏季换水时，一般选择晴天下午，进水水温和藕田水温相差不宜超过2℃。

藕田鳝、鳅混养具有稻田养鱼类似的生态效应，同时因放养密度小，鳝、鳅的发病概率也小。可以采取以下防病措施：①在藕田放养若干只蟾蜍，利用其分泌的蟾酥的抑菌作用，达到防病目的；②如藕田蚂蟥较多，采用石灰水泼洒和猪血诱捕加以控制；③每2周用漂白粉化水对食物进行消毒；④保证饵料清洁新鲜，定期在饵料中加一些保肝宁、利骨散、大蒜等，以增强黄鳝抗病力。

第五节 泥鳅新型养殖方式

一、泥鳅水泥池低密度生态养殖

近年来，泥鳅产业发展的主要方式是池塘高密度囤养，这种养殖模式下带动的产业有以下弊端：一是高投入、利润率低，一般养殖户不能接受，推广难度大；二是产品规格小，遇到市场有较大波动，当年不能出售造成压塘，隐藏着高风险；三是饲料的大量投入造成对环境的高污染；四是高密度养殖还隐藏病害暴发的潜在威胁，因此这种养殖模式不适应当前低碳渔业发展的客观要求。目前以泥鳅水泥池低密度生态养殖模式技术很好地克服了这些缺点，现将技术要领总结如下。

1. 试验池塘条件

试验池塘为水泥池4个，面积2.5亩，池深0.7～1.2米。池塘背风向阳、水源充足、水质良好、进排灌水方便、弱碱性底质。池塘为长方形，东西走向，池壁用空心砖垒砌，水泥抹面。池底铺入20～30厘米的肥泥。在池塘的两端分别设进水口和排水口。进、排水口用铁丝网拦住，池底向排水口倾斜，以便排水和捕捞。在排水口端设有溢水口，溢水口离池底0.6米，常年保持池水水深在0.8米左右。如果池水水位过深，导致水温过低，影响泥鳅摄食，尤其在春秋两季极为明显。在进、出水口处要长期设置地笼或其他捕鳅工具，检查是否有逃逸现象。

2. 清塘、消毒及施肥

新建的水泥池不能直接放养鱼种，必须先进行处理。处理的方法是先将池水注满，观察有无漏水情况，观察2～3天将池水排干，注入新水30～40厘米，暴晒3～4天，用生石灰200千克/亩兑水

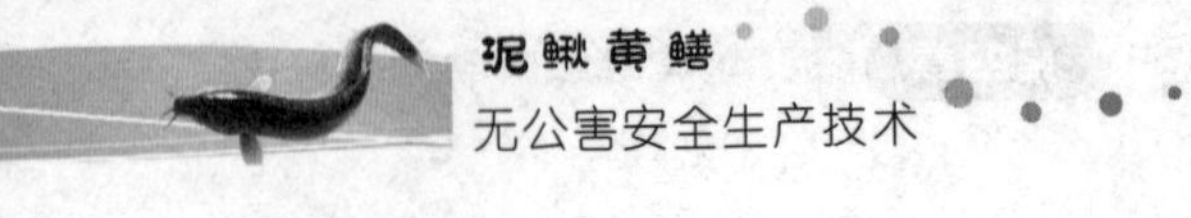

化浆全池泼洒，然后排干池水再进水30～40厘米，每亩用10～15千克茶籽粕、清塘王半瓶浸泡后连渣全池泼洒。彻底清塘后，用40～60目筛网过滤进水50～60厘米，施肥培育浮游生物。每亩先用发酵腐熟的畜禽粪便80～90千克，一般经过10天左右池塘水体透明度达到30～40厘米，水色呈绿色或者茶色，此时池塘内已有饵料生物，可以准备放苗。

3. 泥鳅苗种的放养

泥鳅苗种3250千克，鳅苗体质健壮，规格为120～140尾/千克。试验池塘4个，2个试验池塘为每亩放养150千克模式，2个对照池塘为每亩放养500千克模式。

4. 饲料投喂

泥鳅的食欲与水温有密切的关系，当水温超过10℃时才开始进食，15℃时摄食旺盛，水温在25～27℃时摄食量最大，生长最快。本次试验采用的是颗粒饲料，粗蛋白质含量为28%～32%。投饲时应做到“四定”投喂。定时：一般每天2次，9～10时、17～18时。定点：让泥鳅在相对比较固定的地方进食，因而应在池中设饲料台。定质：要求投喂的饲料新鲜、无霉变、营养价值高、适口性好。定量：投饵量可按泥鳅的存塘总量来计算，要相对比较固定，但也应根据季节、天气、水质等做相应调整。另外，应尽量做到早开食、晚停食，水温高于30℃或低于10℃时应少喂甚至不喂。

5. 日常管理

（1）水位调节　初放鳅苗时，水位控制在0.5米左右，随着鱼体的生长，逐渐注水（每次注水不得超过10厘米），高温季节水位保持在1.1米以上。试验中通过定期换水、注水、泼洒EM菌等方法调节水质，使水体透明度保持在30～40厘米。

（2）注意防逃　泥鳅有较强的逃逸能力，平时多检查进出水口的防逃设施是否完好。

（3）巡塘　最好每天早、中、晚各巡塘一次，注意观察泥鳅和

池水的变化，若发现问题及时采取措施。夏季天气炎热、傍晚突降雷阵雨或连阴天持续使用微孔增氧设施增氧，防止泥鳅浮头。如果因池水过肥导致缺氧，应及时加注新水或者换水。

（4）疾病防治　泥鳅适应能力很强，只要管理得当，避免鳅体的机械损伤，一般很少发病。平时应注意预防，要经常消毒，抓好“三消”，即鱼体消毒、池塘消毒、饲料台消毒。若发现病死的泥鳅应及时捞出，防止感染其他泥鳅，并及时治疗。

6. 注意事项

（1）150千克/亩放养模式亩纯利润是500千克/亩放养模式的3.5倍左右。

（2）一是高密度、高投入、低产出，一般养殖户不能接受，推广难度大；二是产品规格小，遇到市场有较大波动年度，隐藏着高风险；三是由于饲料的大量投入造成对水体环境的高污染并且还隐藏病害暴发的潜在威胁，成活率低。低密度养殖低投入、高产出，成活率高，整个养殖过程中基本无疾病暴发，是真正的生态健康养殖，低密度养殖模式有着很好的养殖效益。

（3）泥鳅具有打洞钻泥的习性，因此，泥鳅防逃设施建设很重要，排水口防逃设施也要建设好，最好使用直径20厘米的PVC管扎孔做成，有利于防逃和调节水质。

泥鳅喜欢在夜间或白天很安静的环境下出来觅食，在喂食时，应掌握泥鳅的习性。

二、泥鳅循环水集约化养殖

近年来，泥鳅循环水集约化养殖技术逐渐受到人们的关注，通过对该项技术的推广应用，改善了泥鳅的养殖方法，取得了最佳养殖效益。循环水集约化养殖技术强调了泥鳅养殖的日常管理及准备工作。

泥鳅对循环水养殖系统的适应性主要表现在以下几方面：一是由于泥鳅是适应性较强的小型经济鱼类，能快速适应循环水系统，形成较好的摄食行为；二是泥鳅在循环水养殖系统中生长速度要快于一般池塘养殖；三是由于循环水养殖系统为泥鳅提供了良好的放养环境，可明显提高养殖效益。

1. 设施配置

养殖设施的合理配置是循环水集约化养殖技术的应用基础，主要包括固液分离器、生物过滤桶及回水处理池等三部分。固液处理器中实现对泥鳅生活水池的过滤行为，且在安置反冲装置的基础上提高水池环境，最终形成高效处理效果。此外，在养殖设施配置过程中应强化生物处理技术的应用，以提高泥鳅的养殖效益。

2. 前置准备

前置准备是泥鳅循环水集约化养殖技术要点之一。一是要求养殖人员做好养殖用水处理，应为泥鳅生长提供充足稳定的水源条件，创造高效、优良的生长环境。二是认真做好养殖池塘的消毒处理，养殖人员应依据泥鳅的生长现状制订池水的消毒处理计划，按照计划开展相应工作。三是相关技术人员可通过活性炭吸附等途径处理循环水系统中有毒物质，也可利用生物滤料挂膜技术来处理有害物质。

3. 科学放养

科学放养是提高泥鳅产量的重要条件。

(1) 要求养殖人员应通过对养殖现状的观察与分析确定泥鳅的放养品种及放养规格等，最终挑选出抗病力强且利于养殖管理的泥鳅苗种。

(2) 科学放养技术的应用，对泥鳅放养规格提出了更高要求。养殖人员在养殖过程中应摒弃传统的养殖理念，将泥鳅的体长控制在3～5厘米，最终达到最佳的放养效果。

(3) 为了确保泥鳅的生长需求，应将放养规格控制在100～200尾/500克的范围内，以提高泥鳅整体产量。

(4) 为提高泥鳅产量，养殖人员应合理控制水池容量，确保其在1250千克/400米^{2}范围内，就此提升泥鳅的生长速度。

第六节 泥鳅、黄鳝的捕捞技术

一、泥鳅捕捞方法

1. 笼捕法

笼捕泥鳅是根据泥鳅的生活习性，将笼设置在养殖泥鳅的池塘、稻田、浅水沟等水体中，在笼内放上泥鳅喜食的饵料，引诱泥鳅进到笼内而将其捕获。

笼捕泥鳅的工具有须笼和黄鳝笼，方法简单，效果好。须笼是一种专门用来捕捞泥鳅的工具。它与黄鳝笼很相似，用竹篾编成，长 30 厘米左右，直径约 10 厘米，一端为锥形的漏斗部，占全长的 1/3，漏斗部的口径 2～3 厘米。须笼的里面用聚乙烯布做成同样形状的袋子，袋口穿有带子。黄鳝笼里则无聚乙烯布。捕泥鳅时，先在须笼、鳝笼中放上有可口香味的鱼粉团，炒米粉糠、麦麸等做成的饵料团，或者是煮熟的鱼、肉骨头等，将笼放入池底，1～2 小时后拉上笼收获一次。拉须笼时，则先收拢袋口，以免泥鳅逃跑，后解开袋子的尾部，倒泥鳅于容器中。不要间隔时间太长，以防止笼内泥鳅过多窒息而死。野生泥鳅多采用此法捕捞。在泥鳅入冬休眠以外的季节均可作业，但以水温在 18～30℃时捕捞效果较好。

这种捕捞方法，晚上的捕捞效果比白天好。一般一个池塘多放几只须笼或鳝笼，连捕几个晚上，起捕率可达 60%～80%，捕获泥鳅的质量好。如果在作业前停食一天，捕捞效果更好。另外，也可利用泥鳅的溯水习性，用须笼、鳝笼冲水捕捞泥鳅。捕捞时，笼内无需放诱饵，将笼布设在进水口处，笼口顺水流方向，泥鳅溯水时就会游入笼内而被捕获。一般半小时至 1 小时收获一次，取出泥鳅，重新布笼。

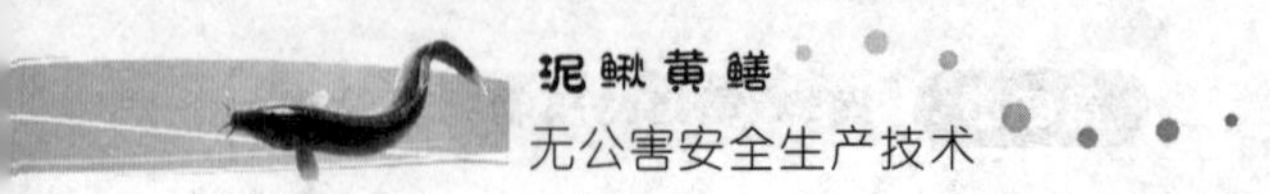

2. 网捕法

把网片铺设在注水口附近的鱼池底部，然后注入新水，流水会诱集鱼群，可定时起捕；或把网沉入底部，再将泥鳅喜食的沉性鱼饵投在网中，把网拉起即可捕获；也可在排水口设置三角网排放细水，泥鳅随水而下时被捕获。采用此法难以一次捕尽，可重新灌水反复捕捉。

（1）网捕泥鳅　网捕泥鳅一般在水温 18～30℃，泥鳅活动、吃食良好的季节里进行。网的网片方形，面积 1～4 米，用聚乙烯网片做成，网目 1～1.5 厘米；捕捞泥鳅苗，则用聚乙烯网布。四角用弯曲的两根竹竿“十”字形撑开，交叉处用绳子和竹竿固定，用以作业时提起网具。网捕养殖泥鳅有两种作业方式：一种是网诱，预先在网中放上诱饵，如鱼、肉骨头，田螺肉或炒香的米糠、麦麸等，将网放入养殖水域中，一般每亩放 8～10 只，放网后每隔 0.5～1 小时迅速提起网一次收获泥鳅，捕捞效果较好；另一种方法是冲水网捕，在靠近进水口的地方布设好网，网的大小可依据进水口的大小而定，一般为进水口宽度的 3～5 倍，然后从进水口放水，以微流水刺激，泥鳅就会逐渐聚集到进水口附近，待一定时间后，将网迅速提起即可捕获泥鳅。

（2）敷网食场捕泥鳅　在泥鳅摄食旺盛季节可用敷网在食场处捕泥鳅，敷网大小一般为食场面积的 3～5 倍。作业时要先拆除食场水底处的木桩，然后布好敷网，在网片的中央，即原食场处，投饲引诱泥鳅进网摄食，待绝大多数泥鳅入网后，突然提起网具而捕获泥鳅。这种捕捞方法简便，起捕率高。

3. 排干池水捕捉法

将池水排干，使泥鳅随水流入水沟中，用抄网抄捕，最后用铁丝制成的网具连淤泥一并捞起，除掉淤泥，留下泥鳅。为了不使鳅体受伤，应尽量徒手捕捉。

4. 香饵诱捕法

晴天傍晚，将池水慢慢放干，待第二天傍晚再将水缓缓注入沟

凼中，使泥鳅集中到鱼坑中，把炒香的米糠及其他泥鳅喜食的饵料放在网具内，泥鳅味觉敏锐，闻香后钻入网具内而被捕获。此法多适于在稻田等水体捕捞。在5～7月以白天下袋较好，8月份以后晚上下袋较好。

5. 药物驱捕法

稻田养殖的泥鳅可用药物驱捕。药物一般使用茶枯（即茶叶榨取茶油后的残存物），用量是每亩稻田5～6千克。先将茶枯置柴火中烘烤3～5分钟后取出，趁热碾成粉末，再用水浸泡，浸泡3～5小时后（手抓成团，松手散开为宜）即可使用。将池水放至3厘米深左右，在池的四角设置鱼巢（用淤泥堆集而成，巢面堆成斜坡型，由低到高逐渐高出水面3～10厘米），鱼巢多少根据泥鳅多少而定。巢面积0.5～1米^2。池塘面积大的应在中央设置鱼巢。施药宜在傍晚进行，除鱼巢巢面不施药外，池塘各处需均匀泼洒药液。施药后到捕捞前不能注水、排水，也不宜在池中走动。泥鳅一般会在茶粕的作用下纷纷钻进泥堆鱼巢。第二天清晨，用池泥围一圈拦鱼巢，将鱼巢围圈中的水排干，即可挖巢捕捉泥鳅。

此法简便易行，捕捞速度快，成本低，效率高，且无污染。在水温10～25℃时，起捕率可达90%以上，并且可捕大留小，均衡上市。

6. 张网捕泥鳅

（1）笼式小张网捕泥鳅　它是根据泥鳅的生活习性，将网具放在养殖泥鳅的水域中，并在网中放上诱饵，引诱泥鳅进入装有倒须（或漏斗状网片装置）的网内，使其难以逃脱而捕获。笼式小张网一般呈长方形，用聚乙烯网布做成，四边用铁丝等固定成形，宽0.40～0.50米，高0.30～0.50米，长1～2米，两端呈漏斗形，口用竹圈或铁丝固定成扁圆形，口径约10厘米。作业时，在笼式小张网内放蚌肉、螺肉，煮熟的米糠、麦麸等做成的硬粉团，将网具放入池中，一般1亩大小的池塘放4～8只网，过1～2小时收获一次，连续作业几天，起捕率可达60%～80%。捕前如能停食一天，并在晚上诱捕作业，则效果更好。笼式小张网也可冲水捕捞。将网具放在进水口处，进水时水流冲击，在网具周围形成水流，泥鳅即溯水进入网内而被捕获。

（2）套张网捕泥鳅　在有闸门的池塘可用套张网捕捞养殖泥鳅，将方锥形的网具直接套置在闸门内，张捕随水而下的泥鳅。方锥形的套张网由网身和网囊两部分组成，多数用聚乙烯线编织而成，从网口到网囊网目由大变小，网囊网目大小在1厘米左右，网口大小随闸门大小而定，网长则为网口径的3～5倍。套张网作业应在泥鳅入冬休眠以前，而以泥鳅摄食旺盛时最好。作业时，将套张网固定在闸孔的凹槽处，开闸放水。若池水能一次性排干，则起捕率较高；若池水排不干，则起捕率低，可以再注入水淹没池底，然后停止进水，再开闸放水，每次放水后提起网囊取出泥鳅，反复几次，则起捕率可达50%～80%。如在夜间作业，捕捞效果更好。

7. 拉网捕捞泥鳅

仲春后到中秋泥鳅摄食旺盛，可用捕捞家鱼鱼苗、鱼种的拉网，或用专门编织的拉网捕捞养殖泥鳅。用长带形的网具包围池塘或一部分水域，拔收两端曳纲和网具，逐步缩小包围圈，迫使泥鳅进入网内而被捕获。作业前，先清除水中的障碍物（如食场木桩等），然后将鱼粉或炒米糠、麦麸等香味浓厚的饵料做成团状的硬性饵料，放入食场作为诱饵，等泥鳅进食场摄食时下网快速扦捕，起捕率更高。

8. 鳅袋捕泥鳅

用麻袋、聚乙烯布袋，内放破网片、树叶、水草等，并放上诱饵，定时提起袋子捕获泥鳅。此法多用在稻田内。选择晴朗天气，先将稻田中鱼溜、水沟中的水慢慢放完，等傍晚时再将水缓缓注回鱼溜、水沟，同时将捕鳅袋放入鱼溜中。在袋内放些树叶、水草等，使其鼓起，并放入饵料。饵料由炒熟的米糠、麦麸、蚕蛹粉、鱼粉等与等量的泥土或腐殖土混合后做成粉团并晾干，也可用聚乙烯网布包裹饵料。作业时，把饵料包或面团放入袋内，泥鳅到袋内

觅食，就能捕捉到。这种方法在4～5月作业，以白天为好；而入冬前、8月后捕捉，应在夜晚放袋，翌日清晨太阳尚未升起之前取出，效果较佳。

9. 干塘捕捉泥鳅

干塘捕捉泥鳅，一般在泥鳅吃食量较小，而未钻泥过冬的秋天进行；或者是用上述几种方法捕捞养殖泥鳅还有剩余时，则干塘捕捉泥鳅。干塘捕捉若有少量泥鳅残留，则可找到泥鳅钻泥所留的洞，翻泥掘土将泥鳅捕获。泥鳅钻入淤泥中的洞为圆形或椭圆形，洞径视泥鳅大小而定，一般成鳅洞径1～2厘米，洞深随泥鳅的大小、淤泥的厚度、水温等变化。一般夏天洞深20～30厘米，冬天30～50厘米。掘洞时手指并拢，双手相对垂直插入到适当的深度或碰到硬的底泥时，手指向内弯曲，各前进一掌距离，然后两手用力向上翻开所掘泥土，泥鳅即在该块裂开的泥土中而被抓获。有些稻田中的泥土已硬，可直接寻洞用锄头、铲子等翻土挖泥鳅。

二、黄鳝捕捞技术

1. 通用捕捞方法

捕捞黄鳝一般在10月下旬至春节前后，这时气温较低，黄鳝停止生长，起捕后也便于储运和鲜活出口。

（1）笼捕　排干水后，一般家庭养鳝可采用笼捕法。此法操作简单、效果好。捕捞一般在晚上进行，捕捞时在笼里放上黄鳝喜欢吃的饵料，然后放入池中投饵处，2～3小时后就可以提取笼中的黄鳝，规格小的自然掉入池中。笼的编织规格，应当因地制宜，达到捕起商品鳝的目的，而又不影响小鳝的生长。

（2）网捕　利用黄鳝喜欢在微清流水中栖息，傍晚6～7时捕鳝，将鳝池中的老水排出1/2，再从进水口放入微量清水，在进水口处放一个与池底大小相对的网片，网片的四周用“十”字形竹竿绳扎绷沉入池底，每隔10分钟取网一次。

（3）抄捕　就是利用黄鳝喜欢在草堆下潜居的习性。可以用三角抄网，也可以用普通网片。三角抄网呈三角形，由网身和网架组成。网身长 2.5 米，前口宽 2.3 米，后口宽 0.8 米。中央呈浅囊状，网身由细目网片组成。

这种方法适合在湖泊、池塘、沟渠使用。先用喜旱莲子草或野草堆成草窝，这样就会有黄鳝在草窝下活动。作业时，手持抄网，轻轻伸入草下，缓缓铲起，连黄鳝带草一起舀起。

（4）照捕　此法比较简单，利用了黄鳝夜间出来觅食而又惧强光的特点来达到捕捞的目的。照捕需两人配合作业。在晚上，一人拿手电筒，另一人拿鳝夹，在水田、沟渠等的浅水处寻找黄鳝。找到后，用手电筒照黄鳝的头部，黄鳝就会趴在水底一动不动，此时，另一人迅速用鳝夹将其夹起。

鳝夹用长 1 米、宽 4 厘米的两片竹片制成，竹片一侧刻成锯齿状，在距一端 30 厘米的竹片中心打孔，穿上铁丝，将竹片绑在一起，使之成剪刀状。

（5）清捕　多用于养鳝较多的养鳝池。收获黄鳝时，用挖泥的方法清池，动作要轻，以免使黄鳝受伤。发现黄鳝后捕到暂养池中，使其吐尽淤泥。

（6）草垫捕捞　将较厚的新草垫或草包以 5%的生石灰溶液浸泡 24 小时消毒后，再用 2%的漂白粉水溶液冲洗除碱，晾置 2 天后铺入鳝池泥沟，撒上厚约 5 厘米的消毒稻草、麦秆，再铺上第二层草垫后撒上一层厚约 10 厘米的干稻草。随着水温不断下降放水，并不断加盖稻草，最后彻底放干池水，将黄鳝引入草垫之下和两层草垫之间。收取时，不一次性揭去稻草，收多少揭多少。

2. 冬季捕捞黄鳝方法

冬季黄鳝上市价格要高出夏季很多倍，所以正是黄鳝上市的最佳时期。冬季黄鳝捕捞十分困难，绝大多数养殖者采取全池挖泥取鳝的办法，但这种方法劳动强度大，黄鳝损伤大，所需时间长，同时也破坏了鳝池载体的生态结构，有损于来年的生产。下面介绍两种比较快速、安全的诱捕法。

（1）批量捕捞 采用草垫诱捕法，于初冬放干池水之前做好诱鳝的准备。将较厚的新草垫或草包以5%生石灰溶液浸泡24小时消毒后，再用2%漂白粉水溶液冲洗除碱，晾置2天备用。将上述草垫一一铺入鳝池泥沟一层，撒上厚约5厘米的消毒稻草、麦秆，再铺上第二层草垫后撒上一层厚约10厘米的干稻草。当水温降至13℃以下时，逐步放水至6～10厘米深，水温降至8～10℃时，再在泥沟加盖一层厚约20厘米的稻草，温度明显再下降时，彻底放干池水，此时由于稻草层的"逆温层效应"作用，温度偏高于泥层，加上泥埂裸露于冷气之中，可有效地将黄鳝引入草垫之下和两层草垫之间。批量捕捞注意事项如下。

① 此法可长时间保证黄鳝群居泥草之间和草垫之间而不会逃逸，如果需保持到严冬时节，还应根据冰冻情况进一步加盖保温物保温。

② 收取时，不要一次性揭去稻草，应收取多少就揭去多少。先将塑料薄膜铺于旁边，揭去干草。揭草时，如湿草中藏鳝较多，可将湿草连同草垫一起抬至塑料薄膜上进行清理，同时将泥面的黄鳝用小抄网捞起。此法效果极佳，适宜于大批捕捞。

（2）少量捕捞 事先在池中一角挖深约30厘米的坑，坑中放入发酵稻草。发酵稻草配方：麦麸20%，干牛粪30%，黄粉虫屎粒30%，酒糟20%，啤酒酵母适量（也可不放）。将已消毒除碱的半干稻草拌入淀粉黏合剂（可用米汤代替），以均匀遍布为度。1～2小时后，将上述配方充分混合拌匀后撒入稻草中，边撒边用叉抄动，使酵曲配料均匀黏附在稻草上。将上述稻草填入坑中，逐步放入池水，盖上厚厚的干稻草。这样，坑中将在数天之内散发大量的热量。为使稻草缓慢发酵并控制好温度（一般高于泥下温度即可，最好不要超过15℃，若气温已有15℃，可高于气温2～3℃），温度过高时可将表面盖的干稻草揭去一部分，温度过低时可再加盖一些。

少量捕捞注意事项如下。

① 取鳝时，只要一下子取出坑中稻草即可获得一批黄鳝。此法较为灵活、简便，并可在冬季反复使用。

② 有条件的可在稻草中放一只自控电暖器，效果更好。该电

暖器还可直接接在水中加热诱鳝，效果十分理想。

3. 其他捕捞方法

（1）冲水捕捉法　黄鳝最喜在微流清水中栖息，根据黄鳝这一生理特性，可采取人为控制微流清水的方法来捕鳝。其方法简单易行，首先将本池中的老水排出1/2，再从进水口放入微量清水，出水口继续排出与进水口相等的水量，同时在进水口处（约占本池水面的1/10）放入一个与池底大小相等的网片，网片的四周用“十”字形竹竿绳扎牢，沉入池底，每隔10分钟取网一次。采用冲水捕捞黄鳝，捕捞率可达60%左右。

（2）饵料诱捕法　黄鳝喜欢夜间觅食。所以，用饵料诱捕黄鳝，一般多在晚间进行，方法是：每天在投饵台处，可将罩网或3～6米^{2}聚乙烯细网眼的网片平置于池底水中，然后，再将黄鳝喜欢吃的饵料撒入网片中间，并在饵料上铺盖一层草垫或破网片，引诱黄鳝自行入网片，待20～30分钟，再把网的四角同时升起，随手将覆盖物取出，接着用捞海把活蹦乱跳的黄鳝捕入鳝篓里。此方法的捕捞率可达60%。如需捕捉幼鳝，可把饲料放在草包里，放在喂食的地方，黄鳝将会慢慢地钻入草包里，此时，把草包取出即可；也可每平方米水面放3～4个已干枯的老丝瓜，待15～20分钟后，幼鳝就会自行钻入丝瓜内，只要把丝瓜取出即可。

（3）网捕法　在捕捉人工饲养黄鳝时，可采用夏花鱼种网来捕取。但是，这种网眼要密，网片要柔软，不易损伤鱼体，且捕捉效果好。捕捞时，把池中水生植物一起围在网内，起水时，首先把水生植物提出，黄鳝便留在网中。如全部起捕，可先用全网捕1～2次，而后把水放干捕捉，往往可将全池的黄鳝捕尽。

（4）钓捕法　在夏季，黄鳝经常躲藏在洞内，而头部则时时伸出洞外。此时，可取一钓竿，将牛虻活饵拽掉一边翅后，装在钓钩上，把钩放在洞口的水面上，牛虻就会在水面上不停地打转。黄鳝一受惊，就会立刻潜入洞内。此刻，要耐心等待，黄鳝将会又慢慢地把头伸出洞外，窥看鳝饵，接着，突然吞饵又缩回洞内。这时，可将钓钩和黄鳝一起取出洞口，再随时将黄鳝从钓钩上轻轻取下，并放入鳝篓。还可采用蚯蚓穿钩法，将蚯蚓穿在鳝钩上，放入洞内引诱黄鳝咬钩，待黄鳝上钩后，立即把黄鳝取出水面，随手放入鱼篓内。采取钓捕法的捕捞率可达到50%～70%。

（5）笼捕法　捕捉黄鳝的方法很多，采用诱黄鳝入笼捕捉法简单易行，收获甚大。

① 诱笼的制作　用带有倒刺的竹篾编制成高30～40厘米、直径15厘米左右两端较细的竹笼，其底口封闭，上口敞开，口径宜伸进手为佳，便于抓取黄鳝。在笼的下端7～8厘米处，编上5～8片薄竹片，并形成倒须的小口，直径约5厘米，使黄鳝能自由地从外边钻入，而不能退出笼外。

② 诱饵的制作　用一节长20～30厘米、直径6～8厘米的竹筒，竹筒底部的节间不要打通，以免漏掉诱饵，在高5～6厘米处的四周，开几条6～7厘米长的狭缝，这些狭缝称为诱饵窗。

③ 诱饵的设备　黄鳝喜吃新鲜的活饵，采用鳝笼张捕黄鳝时，一定要备足新鲜小鱼、小虾、活蚯蚓、猪肝或鸡肝，与草木灰拌和，取少量装入饵筒中，散发出的肉腥味由食饵窗慢慢扩散出来。

④ 放筒巧捉黄鳝　将诱饵装入诱饵筒底部，再将其插入诱笼，同时用木塞或草团塞紧笼口。在6～10月份的傍晚6～7时，可将笼子轻轻地放入池边水底，也可把诱笼放入稻田埂的旁边，再用力下压，入泥3～5厘米。每平方米水面放4～5只笼子，待1小时后，开始取笼收鳝，然后每隔半小时收笼一次。此法的捕捞度可达70%～80%，而且黄鳝的成活率也相当高。采取该方法捕黄鳝，可在不同的地方放上一些诱笼。

第七节 泥鳅、黄鳝暂养技术

一、泥鳅暂养技术

泥鳅是受广大消费者欢迎的名优鱼类。每年的秋季，特别是稻田放水时，泥鳅大量集中上市，价格最低；而其他季节，泥鳅价格相对较高。如果在秋季稻田放水，泥鳅价格较低时，收购泥鳅暂养越冬，在冬季或春季价格较高时销售，赚取差价，则可获得较高的经济效益。因此，泥鳅暂养越冬不失为一条好的致富门路。同时泥鳅起捕后，无论是销售或食用，都必须经过几天时间的清水暂养，方能运输出售或食用。暂养的作用：一是使泥鳅体内的污物和肠中的粪便排除，降低运输途中的耗氧量，提高运输成活率；二是去掉泥鳅肉中的土腥味，改善口味，提高食用价值；三是将零星捕捉的泥鳅集中起来，便于批量运输销售。泥鳅暂养的方法有许多种，现介绍以下几种。

1. 池塘暂养

（1）池塘条件　如果泥鳅暂养至春季销售，选择室外池塘即可。池塘面积以0.6～0.7公顷为宜，池深达到1.2米即可，池底软泥厚度为20厘米，池埂要坚固。如需在冬季销售，鳅池则应建在室内，如塑料大棚内和房屋内。鳅池面积从几平方米到几百平方米均可，以100～150米^{2}为宜，池深1～1.2米。最好建成水泥池，如建土池，池埂要夯实。另外，水泥池在池底铺20厘米厚的软泥，作为泥鳅的栖息场所。水泥池也可不铺泥，放置人工鱼礁，放置方法参照成鳅养殖技术部分。水源采用江河水、湖水、泉水、井水均可。如采用自来水，应在室外晾晒4～5天后再使用。

（2）放养前的准备　在放养前10天用生石灰消毒，生石灰块灰用水化成浆全池泼洒，每平方米用生石灰块灰0.15千克消毒2天后，室外池塘注水1米深，室内池塘注水0.6～0.8米深。

（3）泥鳅放养　收购的泥鳅要求体质健壮，无病无伤，游动活泼。对于暂养时间太长的泥鳅不宜收购，宜收购暂养时间短的泥鳅，一般暂养不超过1～2天。池中泥鳅可一次放足，也可随收随放，放养前一定要进行鱼体消毒，可用30～50克/升的食盐水浸洗鱼体5～10分钟进行消毒。室外池塘每平方米放养泥鳅3～5千克，室内池塘每平方米放养泥鳅5～10千克。

（4）日常管理　室外池塘要勤扫冰面上的雪和灰尘，如池塘漏水还应补水。室内池塘保持水面不结冰或结较薄的冰即可，每半月换一次新水，每次换水量为总水量的1/3，池水水深保持0.6～0.8米。

2. 其他暂养方法

(1) 鱼篓暂养 鱼篓的规格一般为口径24厘米、底径65厘米，竹制。篓内铺放聚乙烯网布，篓口要加盖（盖上不铺聚乙烯网布等，防止泥鳅呼吸困难），防止泥鳅逃逸。将泥鳅放入竹篓后置于水中，竹篓应有1/3部分露出水面，以利于泥鳅呼吸。若将鱼篓置于静水中，一篓可暂养7～8千克；置于微流水中，一篓可暂养15～20千克。置于流水状态中暂养时，应避免水流过急，否则泥鳅易患细菌性疾病。

(2) 网箱暂养 网箱暂养泥鳅被许多地方普遍采用。暂养泥鳅的网箱规格一般为2米×1米×1.5米。网眼大小视暂养泥鳅的规格而定，暂养小规格泥鳅可用2～11目的聚乙烯网布。网箱宜选择水面开阔、水质较好的池塘或河道。暂养的密度视水温高低和网箱大小而定，一般每平方米暂养30千克左右较适宜。网箱暂养泥鳅要加强日常管理，防止逃逸和发生病害，平时要勤检查、勤刷网箱。暂养泥鳅时，一旦发现鱼篓及网箱的孔眼被堵塞，要及时刷洗，以防鱼篓及网箱内的水质不清新；发现死伤泥鳅要迅速捞起。一般暂养成活率可达90%以上。

(3) 木桶暂养 各类木桶或胶桶均可暂养泥鳅。如用35升容积的木桶，可放养泥鳅5～7千克；一般用72升容积的木桶可暂养10千克。暂养开始1～2天内每天换水4～5次，第3天后每天换水2～3次。每次换水仅换去桶内水体的1/3左右。

(4) 水泥池暂养 这种方法适用于大规模的中转基地。场地要选择背风向阳、水源充足、水质清新且无污染的地段，水泥池应有排污、增氧等设施，进排水方便。水泥池规格不一，一般为8米×4米×1米，蓄水量20吨左右。采用流水形式，暂养密度为每平方米40～50千克，若建成水槽型水泥池，每立方米水体的流水槽可暂养100千克泥鳅。泥鳅进入水泥池前应严格挑选，要求体质健壮、无病无伤、游动活泼。池中的泥鳅规格要一致，可一次性放足，也可随收随放，但放前一定要用3%食盐水浸泡3～5分钟。另外，要注意夏季需在池子上面搭遮阳棚防晒，每天换水2次；秋季每日换水一次；冬季每2天换水一次。每次换水量为水体的1/2。在暂养期间，还要适当投喂饵料。泥鳅食性较杂，天然饲料有小型甲壳类、水生昆虫、螺蛳、蚯蚓、动物内脏、大豆、米糠等。

水泥池暂养适用于较大规模的出口中转基地或需暂养较长时间的场合。应选择在水源充足、水质清新、排灌方便的场所建池，并配备增氧、进水、排污等设施。水泥池的大小一般为8米×4米×0.8米，蓄水量为20～25米^3。一般每平方米可暂养泥鳅5～7千克，有流水、有增氧设施，暂养时间较短的，每平方米可暂养40～50千克。若为水槽型水泥池，每平方米可暂养100千克。

泥鳅进入水泥池暂养前，最好先在木桶中暂养1～2天，待粪便或污泥清除后再移至水泥池中。在水泥池中暂养时，对刚起捕或刚入池的泥鳅，应隔7小时换水1次，待其粪便和污泥排除干净后转入正常管理。夏季暂养每天换水不能少于2次，春、秋季暂养每天换水1次，冬季暂养隔天换水一次。

在泥鳅暂养期间，投喂生大豆和辣椒可提高泥鳅暂养的成活率。按每30千克泥鳅每天投喂0.2千克生大豆即可。此外，辣椒有刺激泥鳅兴奋的作用，每30千克泥鳅每天投喂辣椒0.1千克即可。

水泥池暂养适用于暂养时间长、数量多的场合，具有成活率高（95%左右）、规模效益好等优点。但这种方法要求较高，暂养期间不能发生断水、缺氧泛池等现象，必须有严格的岗位责任制度。

（5）布斗暂养　布斗一般规格为口径24厘米、底径65厘米、长24厘米，装有泥鳅的布斗置于水域中时应有约1/3露出水面。布斗暂养泥鳅须选择在水质清新的江河、湖泊、水库等水域，一般置于流水水域中，每斗可暂养15～20千克；置于静水水域中，每斗可暂养 7～8 千克。

(6) 长期蓄养　我国大部分地区水产品都有一定的季节差、地区差，所以人们往往将秋季捕获的泥鳅蓄养至泥鳅价格较高的冬季出售。蓄养的方式方法和暂养基本相同。时间较长、规模较大的蓄养一般是采取低温蓄养，水温要保持在 5～10℃。若水温低于 5℃，泥鳅就会被冻死；水温高于 10℃，泥鳅会浮出水面呼吸，此时应采取措施降温、增氧。蓄养于室外的，要注意控温，如在水槽等容器上加盖，防止夜间水温突变。蓄养的泥鳅在蓄养前要促使泥鳅肠内粪便排出，并用食盐溶液浸浴鳅体消毒，以提高蓄养成活率。

二、黄鳝暂养技术

黄鳝是市场紧俏的水产品，但季节差价大，因此可以在黄鳝捕捞旺季购进暂养，到冬、春季黄鳝淡季上市，利用季节差价使黄鳝增值而获得较高的经济效益。现将黄鳝增值暂养技术介绍如下。

1. 建池

池址选择宜在水源充足、水质良好、无污染的地方。池的结构常见的有砖池和土池，面积视规模而定，一般以 20～100 米^2 为宜，池深 0.7～1 米，池水深 10 厘米左右。砖池四壁用砖块砌成，水泥勾缝，用水泥铺池底。四壁顶部要用横砖砌成“T”字形，防止黄鳝窜逃，在离池底 40 厘米的池壁安装出水口；池底铺上 30 厘米厚的黏土。所铺的泥土要硬度适中，要既利于黄鳝打洞潜伏，又不至于土太软而使洞口堵塞，造成混杂，导致多条黄鳝缠绕在一起。池埂要宽而坚固，以防黄鳝打洞潜逃。小面积可使用聚乙烯网布做成等同水池面积的网箱埋入一定深度的池土中，可有效防止黄鳝穿透洞穴逃跑。要安排好出水口及排水沟，并在埂上拦设聚乙烯网墙，防止池水上涨时黄鳝逃窜。

营造人工生态环境，根据黄鳝对环境的要求，可在池底放入一些石块、树枝、砖瓦等，人为地制造一些洞，并在池中种植藕、茭白等水生植物，供黄鳝潜伏和高温时遮挡阳光；高温季节池上方搭设遮阴棚，以利于黄鳝避暑。

2. 商品鳝购买及放养

从捕捞户购买或市场收购黄鳝时，鳝体受伤带病的不能购买，尤其是黄鳝捕捞户捕捉后积存数日、头部膨胀、体表黏液大量脱落、体表肌肉发红的黄鳝。应选择体质健壮、色泽光亮、无病无伤、游泳活泼的黄鳝，体色以青、黄为好。商品鳝放养前，用3%～5%食盐水对鱼体浸泡消毒。放养时要注意运输黄鳝的水温与池水的水温差最好不超过3℃。黄鳝规格要求一致，投放要大小分开，以免互相残杀，放养密度一般1.5～5千克/米^2。同时可适当放养占黄鳝数量1/10的泥鳅，以清除黄鳝的残饵，清洁水质；另外，通过泥鳅的上下游动，还可防止黄鳝放养密度过大引起互相缠绕，减少疾病的发生。

3. 投饵

黄鳝为杂食性偏动物性食性的鱼类，可投喂小鱼虾、螺蚌肉、鲜蚕蛹等，也可兼投喂豆饼、麦麸等植物性饵料，还可以在池中央安装黑光灯诱蛾。投饵时间在傍晚，投饵量一般为鳝体重的3%～8%。

4. 水质

保持水位稳定和水质清新，池水深度一般应保持在10～15厘米为宜。因黄鳝习惯深居穴中，头不时伸出洞外，窥探觅食或露出水面呼吸，水位过深时，吃食、呼吸就会困难。池水不能时干时深，要保持稳定。暂养至初春，不要过早在池中加水，诱其出洞，以免因温度变化频繁，造成死亡。水质要求肥、活、嫩、爽，含氧量充足，水中溶解氧含量不得低于2毫克/升。要注意防止水质恶化，经常换注新水。一般7天左右换水一次。夏季天气炎热时，发现黄鳝将头部伸出水面，即说明缺氧，应及时更换新水。

5. 水温

当水温达28℃以上时，黄鳝摄食量下降，因此要注意保持适宜的水温。在炎热的高温季节要做好防暑工作，增加遮阴物。当水温超过30℃时要勤换新鲜的凉水。如看到黄鳝露出泥外，或全身卧于泥上，见人不避退，则要立即冲水。换水时不能快速加入井水，以免过凉，引起感冒，要缓缓注入，切不可一次加注过急、过多。

6. 越冬

黄鳝在越冬前需要大量摄食，体内储存养分，供冬眠需要。当气温下降到15℃左右时，应投喂优质饲料，使之膘肥体壮，利于安全越冬。当气温下降到10℃以下时，可将池水排干，保持池泥湿润，在上面覆盖少量稻草或草包（厚薄以不使黄鳝窒息为宜），保持池土温在0℃以上，避免黄鳝受冻，并要注意鼠害。

7. 防逃

黄鳝善逃，除搞好防逃设施外，还要注意防止因暴雨使池水陡涨，黄鳝用力跃起或许多黄鳝堆叠一角造成翻池而逃。发现池水上涨要及时排水。

8. 防病

常见鳝病主要有腐皮病、水霉病和发烧病。

腐皮病由于鱼体损伤而感染伤口，体表出现如黄豆和蚕豆大小的红斑，严重时伤口溃烂，尾梢部常常烂掉。治疗方法为每10千克黄鳝用1克磺胺噻唑拌饵内服，外用0.1毫克/升呋喃唑酮或1毫克/升漂白粉全池泼洒。

水霉病是鳝体受伤感染水霉菌引起，可用食盐和碳酸氢钠全池遍洒治疗，防止鳝病发展，也可用5%碘酒涂抹患部。

发烧病主要因放养密度过大、体内分泌黏液在池内积聚发酵使得水温过高，溶解氧含量低而引起。患病的黄鳝窜游不安，相互缠绕，在将近死亡时，体表黏液大量脱落，使池水带有黏性，头部膨胀而死亡。治疗可用0.7毫克/升硫酸铜全池泼洒。

第八节 泥鳅、黄鳝运输技巧

一、泥鳅运输方法及注意事项

1. 无水湿法运输

常温25℃以下，运输时间在5小时以内的，可采用无水湿法运输。方法是用水草置入蛇皮袋子或鱼篓（一定要透空气），再放入泥鳅后泼洒些水，使其能保持皮肤湿润，即可运输。

2. 带水运输

水温在25℃以上时，运输时间在5～10小时，需带水运输。其运输工具与苗种运输工具相同。投放泥鳅密度为每升水1～1.2千克。还可用塑料袋充氧运输，运载用的塑料袋规格为60厘米×120厘米、双层，每袋装1/3～1/2清水，放8～10千克成鳅，装好后充足氧气，扎紧袋口，再放入硬质纸箱内即可起运。

3. 降温运输

利用冷藏车或冰块降温，把鲜活泥鳅置于5℃左右的低温环境内运送，在运输中加载适量冰块，慢慢溶化、降温，可保持泥鳅在运输途中处于半休眠状态。一般采用冷藏车控温，可长距离安全运输20小时。

4. 带水降温运输

一般6千克水可装8千克鱼，运输时冰块放在网兜内，并将其吊在容器上，使冰水慢慢地滴入容器内，达到降温的目的。这种降温运输方式，成活率较高，鱼体也不易受伤。

5. 运鱼筐降温干运

运鱼筐一般用竹篾编织而成，长方形，数个套叠起来使用。筐

的内壁要敷上塑料布，以保持水分并避免损伤鱼体。长80～90厘米、宽40～50厘米的竹筐，每个竹筐可装鱼16～20千克。装鱼后4～5个筐上下套叠起来，上面加一个浅一点的盛冰筐，放进用麻布包好的碎冰10～15千克，用绳子捆紧，即可进行运输。

6. 注意事项

① 运输前必须对泥鳅进行暂养，以排出其体内的粪便和污物。暂养期3～5天即可，其间不投饵。若是长距离运输鳅苗，则要在起运前喂一次咸鸭蛋黄。方法是：将煮熟的鸭蛋剥去蛋壳和蛋白，用纱布包好蛋黄放入水盆中揉搓，使蛋黄颗粒均匀地悬浮于水中，然后将蛋黄水泼洒到装鳅苗的容器内。每10万尾鳅苗投喂1个蛋黄。投喂2～3小时后，换水装运。

② 运输用水一定要清洁，水温和泥鳅暂养池的水温要一致，最大温差不能超过3℃。为了提高运输成活率，可用小塑料袋包些碎冰块放入运输用水中；也可在起运前将装好泥鳅、充满气的塑料袋，先放入冷水中10～20分钟，以降低水温。

③ 如果用鱼篓等敞口容器运泥鳅，时间长则要换水。每次换水为总水量的1/3，并注意使水的温差保持在允许的范围之内。换水时用胶皮管吸出底部的脏水后，再兑入新水。若温差较大，可使新水缓慢地淋入容器中。

④ 为提高运输泥鳅的成活率，可在水中加入青霉素，通常每升水加2000～4000单位。另外，在运输中停车时，不要关闭发动机，使车体保持震动，有利于增加水中的溶解氧。

二、黄鳝运输方法及注意事项

1. 运输方法

(1) 干运　是指运输过程中不带水的运输方法，多用于小批量短距离的运输，运输时间一般在24小时以内。

运输工具有竹篓、木箱、木桶、塑料桶、铁皮桶（箱）、蒲包、麻袋和编织袋等，可根据运输量和载运动力工具等情况灵活选用。

运输时必须在容器底部铺上一层湿草或湿蒲包，以利黄鳝保持湿润，装载量不宜过大，以防闷死或压死，一般堆装厚度为20～25厘米。在桶（或箱）盖的四周开一些小孔，便于通风换气。运输途中要做好降温、保湿、防挤压等工作，一般每3～4小时淋水1次，夏季运输要避免阳光直射。

（2）水运　带水运输适宜于大批量长途运输，常用的运输与其他鱼类运输工具相同，只是用于黄鳝运输的工具必须注意两点：一是容器内要有一定的空间，让黄鳝能将头伸出水面呼吸；二是必须搞好防逃设施。最可靠的水运工具是活水船。无论采用何种运输工具，运输前都要将容器清洗干净，黄鳝和水各为50%，装载黄鳝后水面的高度达到容器高度的2/3处。在运输途中，要经常观察黄鳝的活动情况，适时更换新水，换水时要注意新水和陈水之间的温差不能太大，一般不能超过3℃。

（3）尼龙袋充氧运输　尼龙袋充氧运输特别适用于飞机、火车等长途运输，具有便于堆放、运输途中管理简单、能大批量运输等优点。尼龙袋规格可根据情况自行选定，但必须用双层袋。一个规格为70厘米×40厘米的尼龙袋可装运活鳝10千克，袋中加水量与活鳝重量相同。

在高温季节运输时若水温过高，装运前需采用“三级降温法”将活鳝的体温和水温都降到10℃左右。具体做法是：将黄鳝从水温25℃以上的暂养池中捕出，放在18～20℃的水中暂养20～30分钟，然后将黄鳝捞出，转放到水温14～15℃水中暂养5～10分钟，最后再将黄鳝转到8～12℃水中暂养5分钟左右，即可装袋、充氧、封口，并将尼龙袋放入纸箱包装，包装时，每箱竖装2袋。为防止运输途中温度上升，应在纸箱四角放上4个小冰袋，为防止尼龙袋漏水，箱内应配尼龙衬袋1个，冰袋和活鳝袋之间用衬板隔开，然后打包待运。尼龙袋充氧运输成活率高，在24小时内到达者，一般不会发生死亡，是目前最科学的运输方法。

2. 注意事项

（1）临时性暂养　黄鳝起装外运前要用水缸、塑料桶、木桶等进行 2～3 天的暂养，待其体内污物基本排清后再起装外运。临时暂养的黄鳝要勤换水，一般 6～7 小时换水 1 次，24 小时后每个暂养容器中应加入 30 万单位青霉素，有较好的防病效果。

（2）活体装运方法补充

① 淋水装运　将洗净、浸湿的蒲包放入木桶、竹筐（桶）内，每包装黄鳝 15～20 千克，每 2～3 小时淋水 1 次，以保持其皮肤湿润。高温时，每个筐（桶）内应放冰块 1.5～2 千克，可降温保湿。此法适合于 24 小时内的短途运输，可保成活率 95%以上。

② 尼龙袋充氧装运　尼龙袋长 70～80 厘米、宽 35～40 厘米、容积约 20 升，每袋可装黄鳝 8～10 千克，加水淹没鱼体即可。挤出袋中空气，用皮管充入氧气，手感有一定压力时就可尽快用皮筋等扎紧袋口，随即将袋放入相应大小的箱、筐、桶内。气温高时，每个箱、桶内要放入内装有 2～3 千克冰块的冰袋，以利降温。运输不超过 24 小时的，可不再换水充氧，否则每隔 24 小时应换水充氧一次。此法适合多种方式运输，成活率可达 98%～100%。

③ 带水装运　木桶、塑料桶等都可以，一个 50 升的容器，可装黄鳝 17～20 千克，加入水 16～20 升。如是密封盖，其上应打多个气孔；最好用密眼网罩盖桶。此法适合 24 小时内的运输，可保成活率 90%以上。

（3）运输中要注意的主要问题

① 8～10℃时，耗氧量平均每小时 38.74 毫克/千克；23～25℃时为 697.54 毫克/千克。运输途中要根据气温高低，多察看，勤换水，常搅动。平时可每隔 3～4 小时换水一次；高温时要每隔 2 小时换水一次。所换之水应清新，水温与桶内水温接近。

② 尽力减少运输的死亡。黄鳝多是在高密度下运输，黏液分泌多、积累多，有利水中微生物的繁殖，会加速缺氧的发生，使其大量死亡。当出现水温超过 40℃时，要火速换水降温。为防水温因微生物发酵升温，运输时每 100 升水中应加入 120 万单位青霉素，可控制细菌等的繁殖。

③ 装运作业必须轻拿轻放，严禁弄破袋、桶等装运容器，以免漏水、漏气造成黄鳝死亡。

第九节

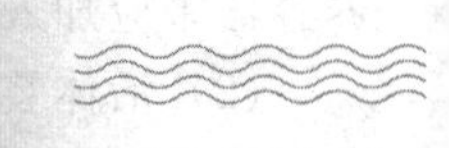

泥鳅、黄鳝幼苗培育技术

一、泥鳅水花苗培育

泥鳅水花苗又称水花鳅苗，是指鳅卵孵化出膜后长至体长 1.3 厘米以下的幼小个体。该阶段的管理工作极为关键，是提高养殖产量最为重要的一个环节，不容忽视。现根据我们近年来对鳅苗培育的实践经验，综述如下。

1. 专池培育

水花嫩苗必须专池培育，主要有水泥池和土池。其结构基本相似，以稻田改造的土池最为常见，面积为 30～50 米^2，东西走向。四周离埂 50 厘米处开一条宽 50 厘米以上环沟，以利鳅苗避暑，放苗前 10 天必须清整消毒，拔净池内杂草。

2. 及时下池

一般下池时间在鳅卵孵化脱膜第 4 天即水花鳅苗开食 2 天之后，体色转黄，腰点出现，可以水平游动以后就应及时下池，太早不行，太晚更不行。

3. 放养方法

放苗前，认真测定池内水温与盛苗容器水温，温差不得相差 3℃以上，可用铝勺舀出部分池内水于盛苗容器内进行调节。然后，每 10 万尾喂咸鸭蛋黄一只，鳅苗摄食后腰间出现白点，方可将鳅苗慢慢倾于培育池中。

4. 放养密度

同一池中必须放同一批孵化的鳅苗。静水培育密度为每平方米 1000～1200 尾，微流水培育密度为每平方米 1500～2000 尾，鳅苗可用小杯盅计数法计数。

5. 培育方法

① 豆浆培育法　鳅苗经饱食下池后6小时左右即应泼洒豆浆，每50米^{2}水面每日需用黄豆0.25千克磨成3千克左右豆浆，前5天每天泼洒3次，5天之后每天泼洒2次即可。鳅苗喜群集于池边，所以，豆浆应沿池边泼洒，做到细如雨，匀如雾。这样培育出来的鳅苗体质健壮，大小整齐，成活率高。泼豆浆时间应定为上午8～9时和下午5～6时。

② 肥水培育法　泥鳅喜肥水，水温较高时，每50米^{2}水面可施尿素0.1千克；水温较低时，每50米^{2}水面施碳酸铵或硝酸铵0.1千克，每天1次，连施2～3天。以后视水色肥瘦进行。

③ 粪肥培育法　水花鳅苗入池5天内泼豆浆，5天后改泼人粪尿。每50米^{2}每次用人粪尿2千克兑水，每天2次，全池泼洒，以降低育苗成本。

6. 水质管理育苗

池水水深以25～30厘米为宜。做到每天早晚巡池，观测水色变化，细心观察鳅苗有无浮头现象。因为水花鳅苗在15天之后可进行肠呼吸，这段时间内，如缺氧就会造成大批鳅苗死亡。一般来说，有条件的地方每3天应加注新水一次，每次加水以不超过5厘米为宜。加注新水时必须经密眼网过滤，以防止敌害生物进入苗池。

二、黄鳝仔鳝培育注意事项

1. 仔鳝为何要专池培育

自然界的野生鳝苗成活率低，其主要原因是由于捕捉时应激反应过大，加之环境变化无常。人工培育鳝苗为提高成活率，保证鳝苗的快速生长，因而需要进行专门建池培育。

2. 仔鳝苗如何培育

种鳝产卵10天后，一般鳝苗即会孵出。待鳝苗孵出后，应在5天之内将其捞入培育池进行专池培育。

仔鳝苗对环境的适应能力较差，在入池前，应将培育池的水温调整至与原池或运输容器内的水温相近（温差不超过2℃）。

刚孵出的鳝苗靠吸收卵黄囊的营养生活，这期间可不投喂食物。5天以后，其卵黄囊已基本吸收完，此时即可投喂煮熟的鸡蛋黄，最初每3万尾约投喂一个鸡蛋的蛋黄，以后逐步增加，以“吃完不欠，吃饱不剩”为宜。投喂3天以后，即可在蛋黄中加入少量的蚯蚓浆，蚯蚓浆要打细，最初可先按总量的10%加入，以后逐步增加，直至全部投喂蚯蚓，切碎的蚯蚓以黄鳝能顺利吞吃为准，若鳝苗咬住食物在水面旋转，则证明食物过大，可再切细一点，同时在蚯蚓中逐步加入黄粉虫、蚌肉、猪肺等，培育有水蚯蚓的，可直接向池内投入水蚯蚓，供幼苗自行取食。

当鳝苗长至体长10厘米以上时，即可按大小分级，并将达到10厘米长的鳝苗选出移入育肥池饲养。由于自繁自养野生黄鳝，从产卵孵化到条重50克左右，一般需2～3年，故没有实质性的作用。

第十节 泥鳅、黄鳝活饵料培育

一、水蚯蚓的采捕

1. 分布

水蚯蚓是鳝、鳅的最佳活饲料，营养价值很高，干物质中蛋白质含量高达70%以上。水蚯蚓广泛分布于淡水水域，特别是城市污水排放口的下游，密度大，产量高，例如上海市黄浦江两岸潮汐带表土层内，水蚯蚓的蕴藏量平均每平方米达0.45千克，在一些码头附近蕴藏量更高。

2. 捕捞工具

捕捞水蚯蚓的主要工具是长柄抄网，它由网身、网框和捞柄三部分组成。网身长 1 米左右，呈长袋状，用每寸 24 目的密眼聚乙烯布裁缝而成，网口为梯形，两腰长 40 厘米左右，上底和下底分别为 15 厘米和 30 厘米。网架框由直径 8～10 毫米的钢筋或硬竹制成，在框架的 1/3 处设横挡，便于固定捞柄。捞柄是直径 4～5 厘米、长 2.0 米的竹竿或木棍。

3. 捕捞方法

首先选择适宜捕捞的场所，一般要求江底平坦，少砖、石，流速缓慢，水深 10～80 厘米（可随潮水涨落移动捕捞地点）。作业时，人站在水中用抄网慢慢捞取表层浮土，待网袋里的浮土捞到一定数量时，提起网袋，一手握捞柄基部，一手抓住网袋末端，在水中来回拉动，洗净袋内淤泥，然后将水蚯蚓倒出。一般劳力每人每小时可捕捞 50 多千克。由于黄浦江潮水涨落很大，只能在低潮前后 2～3 小时之内进行捕捞，又因每天潮水涨落的时间不同，故每天捕捞水蚯蚓的时间也相应调整。

4. 运输方法

水蚯蚓运输有短途运输和长途运输。

① 短途运输　短途运输是指在 24 小时内，可以从捕捞地点运到目的地。一般都用箱运，箱的规格为长 0.63 米、宽 0.46 米、高 0.1 米，四周木板组成，每边开一个长方形纱窗，箱底用目大为 0.07 厘米的聚乙烯布绷紧。由于在运输时气候多变，很容易造成大量死亡。因此，运输途中要注意以下事项：装运密度不能过高，一般每层可装 3～4 千克，要经常浇水，严防日晒和风吹。

② 长途运输　长途运输是指在 24～72 小时运到目的地，一般都用尼龙袋充氧运输。运输前将水蚯蚓置于微流水的水泥池里暂养 2～3 天，排净污物，然后装袋，尼龙袋规格为 48 厘米×40 厘米，双层，每袋装水 2 千克，水蚯蚓 2～2.5 千克，挤净袋内空气，充入氧气，用橡皮筋封口，放入纸板箱内。如遇盛夏运输须在箱的四

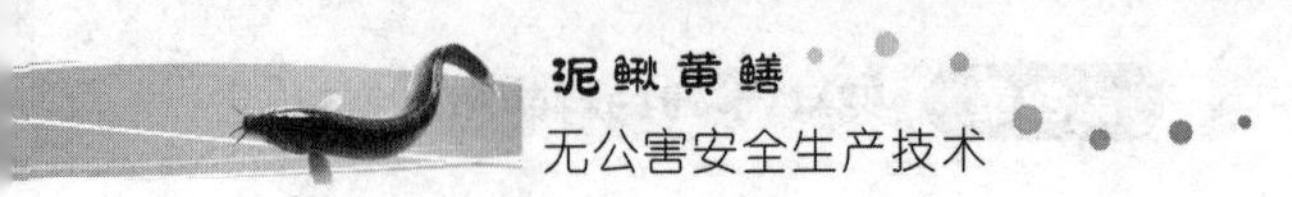

角放小冰袋，使温度降到10℃左右。

二、水蚯蚓的繁殖习性和坑养法

水蚯蚓中适于养殖的种类有：苏氏尾鳃蚓和霍氏水蚓。养好水蚯蚓，可为养殖水产品提供长期稳定的优质动物饲料，降低养殖成本，提高养殖效益和养成品质。

水蚯蚓个体不大，长约100毫米，但群体产量较高。尾鳃蚓和水蚯蚓的区别是前者有尾鳃，尾部常露出泥外，随水摆动呼吸，缺氧时颤动加快；后者没有尾鳃。水蚯蚓喜生活在有机质丰富的微泥水域的淤泥中，一般潜伏在泥面下10～25厘米处，低温时深藏于泥中。水蚯蚓喜暗畏光，不能在阳光下暴晒，以食泥土吸取其中的有机腐殖质、细菌、藻类为生。水蚯蚓2个月左右性成熟，雌雄同体，异体受精，卵粒包藏在透明胶质膜构成的囊状蚓茧中。一般一个蚓茧内含卵1～4粒，多则7粒。生殖期每一成体可排出蚓茧2～6个。水温在22～32℃时，孵化期一般为10～15天，人工培养的寿命约3个月。

水蚯蚓坑养方法如下。

1. 水蚯蚓坑池条件

建造一个适于水生蚯蚓生活的生态环境，要求微流水、土质疏松、腐殖质丰富、避光等。坑池可以新掘或利用与沟渠相通的水坑改建，面积视需要而定，3～5米^2［长宽比为（3～5）：1］为宜，水深20～25厘米，底部用保水性好的黄土或三合土筑底，并设进、排水口。一般进、排水口应分开，一端进水一端排水。在引种入坑前，还要培养好底泥，最好是挖肥沃的鱼池淤泥，铺在坑底，厚10厘米，然后每平方米加入畜禽粪或农家肥7.5～10千克，最后加入经发酵的饼、麸、糠、糟等。

2. 水蚯蚓管理

保持微流水，以使水质清新，溶解氧含量较高，加速代谢产物的散逸，增加蚯蚓的摄食生长。一般水流的流速以2～8厘米/秒为

度，速度不能太快，如太快水流会冲走营养物质和蚓茧，影响产出。水蚯蚓引种后，应每隔2～3天投饲一次。若投入的是精饲料，饵料系数为2.6左右；若用猪粪、牛粪，饵料系数为7.8～10.4。

3. 水蚯蚓引种入坑

引种量视水质、泥质、粪肥来源与季节而定。肥源、混合饲料等充足，引种量大，产量高。一般每平方米放种蚓0.25～0.5千克。培养30～45天后，每亩日采收量可达10～15千克，最高可达48千克。

4. 水蚯蚓采收

可在晚上减少水流量或断水，造成第二天早上或上午坑内缺氧，水蚯蚓就会被迫群聚成团浮于泥表或上浮至水面，用捞子捞取即可。

三、蚯蚓培养

蚯蚓又叫地龙，属环节动物门、寡毛纲。据分析，蚯蚓干物质中含粗蛋白质60%左右、粗脂肪8%左右、碳水化合物14%左右。它是大规格黄鳝、泥鳅、甲鱼等的优质饵料。目前可供培养的蚯蚓，以太平2号、北星2号和赤子爱胜蚓（红蚓）产量高、繁殖快、肉质肥厚，一年可繁殖200～300倍。

1. 场地选择

培养蚯蚓可在室内，也可在室外进行。但室外培养场地应具备排水性能良好、土地潮湿、环境可安静、周围无工业污染，并有保暖、防鼠、防蛀和防蚂蚁等设施，菜地、鱼用牧草基地、果园和桑园地均可以作为培养蚯蚓的良好场所。室内培养一般采用多层式箱养、盆养或全人工控制下的工厂化养殖。

2. 基料制作

基料是指能供蚯蚓生存、营养的基础料，要求质地疏松，营养丰富、均匀，适口性好，容易消化，呈咖啡色，pH值在6.8～

7.6。其制作方法是将猪粪、牛粪、羊粪、马粪、兔粪及禽粪和人粪等有机肥、有机碎屑及肥土按 3∶2∶5（质量比）的比例混合、拌匀，压实成 30 厘米厚的土堆，上盖一层稻草或青草，经常浇水，保持湿润，但不要渍水，一般经 7～10 天，有机物即可发酵腐熟。然后将腐熟的土翻开，摊成 10～15 厘米厚，上盖稻草，经常浇水，保持湿润。当基料保持湿度 50%～60%、温度 25℃左右及时埋些菜、叶、瓜皮等物，即可放入蚓种，使其大量繁殖。

3. 饵料制作

可作为蚯蚓饵料的原料很多，但一般都以廉价的废弃物为主，如纤维质含量较高的杂草、树叶、菜叶、甘蔗渣、瓜果皮及猪粪、牛粪、羊粪、禽粪等。在有条件的地方，也可选用蛋白质含量较高的麦麸、豆饼、菜饼和动物下脚料等。不管选用何种原料都必须通过制作，使其腐熟发酵后使用。牛粪、羊粪、猪粪可单独发酵，也可和其他草、菜、瓜果、麦麸、动物下脚料等拌匀后发酵，将其堆成高而狭的长方形，不必翻动。冬季则在上面盖尼龙薄膜或杂草，经过 10～15 天后启用。

4. 蚯蚓的饲养

管理在一般条件下，蚯蚓放养密度每平方米 1500 条左右，赤子爱胜蚓每平方米 20000～30000 条。将蚓种放入基料内，使其大量繁殖，每隔 10～15 天即可收取蚯蚓，但一次收蚯蚓量不能过大，以利不断繁殖。在每平方米蚯蚓饲养 8000 条左右的面积上，加喂上述发酵饵料的厚度为 18～20 厘米，20 天左右加喂 1 次，一般将陈旧堆料连同蚯蚓向一方堆拢，然后在空白面上加料，1～2 天后蚯蚓会进入新鲜堆料中，与卵自动分开，陈旧料中含有大量卵包，收集后另行孵化。培养蚯蚓的饵料经过粪化后，即将新的饵料撒在原饵料之上，厚 5～10 厘米，经 1～2 昼夜，蚯蚓均可进入新的饵料层中采食和活动，如此重复数次，饵料床厚度不断增加，须不停地进行翻动，以免底部积水或蚓茧深埋底部。

饲养蚯蚓的管理工作，是通过人为措施创造一个适宜于蚯蚓繁殖、孵化和生长的环境，主要是掌握良好的通气、保湿、控温和防毒等措施。

（1）通气 蚯蚓耗氧量较大，需经常翻动料床使其疏松，或在饵料中掺入一定量的杂草、木屑。在料床厚度较大时，可用木棍自上而下戳洞通气。

（2）湿度 蚯蚓能用皮肤呼吸，需保持一定湿度，但又怕积水，一般每隔 3～5 天浇水 1 次，使料床绝对湿度控制在 40%～50%，底层积水 1～2 厘米为宜。

（3）温度 料床温度经常保持 20～25℃，pH 值 6.5～7.8。蚓茧孵化时间虽与温度高低有关，但以 20℃左右最佳。

（4）防毒、防天敌危害 蚯蚓爱吃甜食，亦爱吃酸料，特别爱吃蛋白质和糖原丰富的饲料，但不爱吃苦料和具有鞣酸味的饲料，切忌投喂盐料和沙粒料。蚯蚓饵料需发酵，但谨防产生有害气体。危害蚯蚓的天敌有蝇蛆、蚂蚁、青蛙、蟾蜍、蛇、鼠、鸟及鸡、鸭等家禽，须严加防范。

四、蝇蛆培养

蝇蛆是苍蝇的幼体，它是黄鳝、甲鱼最喜食的高蛋白质饲料。苍蝇一生经历卵、蛆、蛹和成蝇四个发育阶段。从成蝇产卵到变成苍蝇，一个周期大约 15 天，一只苍蝇每次可产卵 200～300 粒，一年可繁殖亿万条蝇蛆。其培育方法如下。

1. 蝇笼结构

种蝇需要在蝇笼内饲养，蝇笼大小视放蝇密度而定，以放养 1 万只种蝇为例，蝇笼规格为 40 厘米×30 厘米×50 厘米，用木条钉成框架，外钉尼龙纱网，蝇笼一端装一副布袖套，袖套口一副松紧橡皮带，以防伸手加料、喂水和取卵时苍蝇趁机外逃。蝇笼放在笼架上，笼架分三层，每层高度略大于蝇笼。

2. 种蝇饲养

种蝇放入蝇笼后，笼内放置料盆、水盆和产卵盆。料盆内用纱布垫底，水盆内放置海绵，加水至海绵浸没，产卵盆内放入经过发酵的畜粪、禽粪，以引诱苍蝇产卵。

种蝇的饵料，在国外用奶、糖各半，加水调匀，浓度为5%，每只蝇每天喂奶、糖各5毫克。国内则用鲜蛆浆加红糖配成，具有成本低、效果好的优点。水和饵料，每天投喂1次。每批种蝇饲养20～25天后，将种蝇全部烫死，洗净蝇笼，重新饲养。种蝇饲养室温保持在27～30℃，每天光照10～12小时。

3. 蝇蛆培养

每天收卵一次，送到蛆房培育，蛆房温度保持在27～28℃。蛆房为水泥地面，分成若干小格，每格1米^2，格边高10厘米。格内放发酵过的禽肥、畜肥作蛆饵，饵料平铺在格内，厚6～7厘米，饵料与水泥格子四边空隙16厘米，便于蝇蛆爬出时清扫收集。一般蝇蛆经4～5昼夜饲养后即可喂鱼。产量高时也可烘干或冷藏备用。

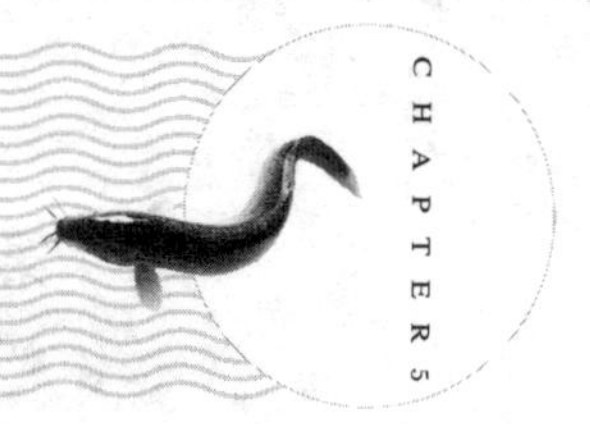

第五章

泥鳅、黄鳝疾病防控及安全用药

第一节 无公害泥鳅病害防治

一、泥鳅疾病预防

泥鳅病害主要是由于生存环境、病原体以及泥鳅体质三方面原因协同作用而引起的。养殖泥鳅的水域一般较浅，且多为静水，所以水质容易恶化。恶化的环境又使泥鳅食欲减退，体质下降，病原体也容易繁殖。在防病方面应注意科学合理投饵，放养密度恰当，保持水质肥、活、爽，放养前鳅种要消毒处理并剔除病弱苗种。因此，做好泥鳅养殖的病害预防工作主要包括以下几点。

1. 饲养环境

泥鳅的饲养环境应选择在背风向阳、靠近水源的地方。泥鳅对水质的要求不高，但被农药污染或化学药物浓度过高的水域不能用来养殖。苗种放养前，要将池塘进行彻底清整、消毒，并在池塘中种植一些水生植物，给泥鳅提供一个遮阴、舒适、安静的生活环境，同时，水生植物的根部还为一些底栖生物的繁殖提供场所，为泥鳅提供天然饵料。此外，在泥鳅池中放养一些鲢鱼和鳙鱼，能起到净化水质的作用。

2. 池塘消毒

土池放养泥鳅前 8～10 天用生石灰 150～200 克/米^{3}消毒，再注入新水。水泥池使用前用清水将池子洗刷干净，暴晒 4～5 天，然后用三氯异氰尿酸钠 5～10 克/米^{3}全池泼洒消毒，24 小时后将消毒液排净，并加入新水 50～70 厘米，10 天后放养泥鳅苗种。

3. 苗种选择和消毒

（1）鳅种选择　放养的泥鳅苗种要求体质健壮、大小一致、无伤无病、游动活泼。放养前要对苗种进行筛选，一是把不同规格泥鳅经筛选分开，因为泥鳅规格不同，采食量、采食速度、生活规律、活动量也不同，在一起饲养会造成泥鳅互相残杀，或因摄食不均造成泥鳅规格差别悬殊，因此不同规格泥鳅要分开饲养；二是去除病鳅和残鳅，目前泥鳅苗种规模繁育技术还不太过关，养殖者购得的泥鳅苗种有一大部分来自野生，由于捕捞、暂养和运输过程中泥鳅易受伤和受病菌感染，如不经筛选一并放入，放养后会相继死亡，也易感染健康泥鳅。另外要注意避免使用电捕、药捕的泥鳅种，否则泥鳅下塘后死亡率会很高。

(2) 苗种消毒　泥鳅苗种下塘前用3%～5%食盐水消毒3～5分钟或15～20毫克/升高锰酸钾溶液消毒5～10分钟，具体消毒时间可根据水温和鳅种的耐受程度适当调整。

(3) 科学投喂　泥鳅一般水温10℃时开始摄食，水温15℃时摄食增加，水温24～27℃时摄食旺盛，水温高于30℃时或低于10℃时基本不摄食，要停止投喂。泥鳅投喂时要做到“四定”，即定时、定量、定点、定质。

4. 放养密度

在泥鳅养殖期间，如放养密度低，则造成水资源的浪费；放养密度过高，又容易导致泥鳅患病。

5. 饲料管理

泥鳅是一种杂食性的淡水经济鱼类，尤其喜食水蚤、水蚯蚓及其他浮游生物，但动物性饲料一般不宜单独投喂，否则容易造成泥鳅贪食，食物不消化，肠呼吸不正常，“胀气”而死亡；对腐臭变质的饲料绝不能投喂，否则泥鳅易患肠炎等疾病。

6. 水质和水温管理

泥鳅的适宜生长水温为15～30℃，最适生长水温25～27℃，当夏季水温超过30℃，冬季水温低于5℃，泥鳅会潜伏到10～30厘米的泥中呈休眠状态。为了避免夏季水温过高，应采取加注新水、提高水生植物覆盖面积、搭建遮阴棚等防暑措施。当水温低于5℃时，应采取提高水位、搭建塑料棚或放干池水后在泥土上铺盖稻草等防寒措施，使泥鳅安全越冬。养殖期间，抓好水质培养是降低养殖成本的有效措施，同时符合泥鳅的生理生态要求，可弥补人工饲料营养不全和摄食不均匀的缺点，还可以减少病害的发生，提高产量。泥鳅放养后，根据水质情况适时施用追肥，以保持水质一定的肥度，使水体始终处于活、爽的状态。

7. 药物预防

除了做好常规的生石灰清塘和鱼种消毒外，平时通过外用药物与内服中药饵进行鳅病预防。每半个月用稳定性的二氧化氯溶液全池泼洒一次，用量为0.7毫克/升；每半个月投喂一疗程药饵，按泥鳅体重的0.2%拌入大蒜素或1%～3%添加大蒜泥，连用4～5天。

二、泥鳅常见病的治疗

1. 水霉病

【病原】由水霉菌寄生引起。

【症状】该病易发生在泥鳅的孵化阶段，水温较低，受精卵最易发生此病。另外，鱼体受伤后，也易发生此病。病鳅行动迟缓，食欲减退，体表可见灰白色棉絮状绒毛。

【防治】①尽量避免鱼体受伤，鳅种下塘前要消毒。②受精卵受感染，用0.04%食盐与0.04%小苏打混合溶液浸泡10～15分钟，连续2天。③泥鳅感染时用0.04%小苏打和食盐混合液全池泼洒。④用3%～4%食盐水浸洗7分钟左右，用1毫克/升漂白粉溶液全池遍洒。

2. 腐鳍病

【病原】短杆菌感染。

【症状】背鳍附近肌肉腐烂，表皮脱落，呈灰白色（图5-1）。

图 5-1 腐鳍病

严重时鳍条脱落，肌肉外露，鱼体两侧水肿，不摄食。易在夏季流行。

【防治】①用 0.3～0.5 毫克/升聚维酮碘（含有效碘 1%）全池泼洒 1 次。②用每毫升含 10～50 微克的土霉素溶液浸洗 10～15 分钟，每天 1 次，1～2 天即可见效，5 天即可痊愈。③将八黄散加入 25 倍的 0.3%氨水浸泡提效，连汁带渣全池泼洒，使水体浓度为 3 毫克/升。在发病初期使用效果极佳。

3. 打印病

【病原】嗜水产气单胞杆菌。

【症状】病灶红肿，椭圆形或圆形。患处主要在尾部两侧，似打上印章。流行于 7～9 月。

【防治】①用 0.1～0.3 毫克/升溴氯海因全池泼洒 1 次。②用 2%石炭酸或漂白粉干粉直接涂抹患处。

4. 赤皮病

【病原】荧光假单胞菌感染。

【症状】体表充血发炎，可蔓延至全身。整个鳍或鳍基部充血，鳍端腐烂，常有缺失，鳍条间软组织多有肿胀，甚至脱落呈梳齿状，并常继发感染水霉菌。病鳅时常平游，浮于水面，动作呆滞、缓慢，反应迟钝。死亡率高达 80%以上。

【防治】①用 0.3～0.5 毫克/升聚维酮碘（含有效碘 1%）全池泼洒 1 次。②用 0.1～0.3 毫克/升溴氯海因全池泼洒 1 次。③将 1 千克干乌桕叶（合 4 千克鲜品）加入 20 倍重量的 2%生石灰水中浸泡 24 小时，再煮 10 分钟提效后连汁带渣全池泼洒，使池水浓度为 3 毫克/升。④用鲜蟾酥 10 克化水搅拌均匀，全池泼洒，每 10 克蟾酥可用于 20 米^{3}水体，每 3 天 1 次。

5. 细菌性肠炎

【病原】肠型点状气单胞菌。

【症状】病鳅肛口红肿、有黄色黏液溢出。肠内无食物或后段肠有少量食物和消化废物，肠壁充血呈红色，严重时呈紫红色。病鳅常离群独游，动作迟缓、呆滞，体表无光泽，不摄食，最后沉入池底死亡或窒息而亡。水温 25～30℃时是发病高峰期，死亡率可高达 90%以上。

【防治】①用 50 毫升的高度白酒浸泡大蒜素 5 克 3～7 天，待酒液中含有浓郁的大蒜素气味后，拌入 10 千克蚯蚓浆或 4 千克精饲料投喂，连喂 3 天。②每 100 千克泥鳅每天用干粉状地锦草、马齿苋、辣蓼各 500 克，食盐 200 克拌饲投喂，分上午、下午 2 次投喂，连喂 3 天。③病情严重时，用鲜蟾酥 10 克化水搅拌均匀，全池泼洒，每 10 克蟾酥可用于 20 $米^3$ 水体，每 3 天 1 次。同时，每 100 千克泥鳅每天用 10 克肠炎灵拌饲投喂内服，上午、下午各 1 次，连喂 3～5 天。

6. 车轮虫病

【病原】车轮虫寄生于鳃及体表。

【症状】被感染的鳅苗常出现白斑，甚至大面积变白，游动呆滞、缓慢，呼吸吃力，直至沉于池底而死。刚孵出不久的鳅苗感染严重时，苗群集体沿池边绕游，行动怪异，神经质地狂摆、跃动，直至鳃部充血、皮肤溃烂而死。

【防治】①用硫酸铜和硫酸亚铁合剂（5∶2）全池泼洒，使池水浓度为 0.7 毫克/升。②降低水位后全池泼洒福尔马林溶液，使池水浓度为 25 毫克/升。半小时之后，视鳅苗耐受力及车轮虫脱离寄主情况加满池水，1 小时之后再更换新水。

7. 三代虫病

【病原】三代虫寄生引起。

【症状】鳅苗体表无光泽，游态蹒跚，无争食现象或根本不近食台，常浮水呼吸，镜检鳃及体表，可观察到虫体在寄主体表做蛭状蠕动。易在5～6月流行，对鳅种危害大。

【防治】用15毫克/升高锰酸钾水溶液药浴鳅苗20～30分钟，杀死苗体上寄生的虫体。

8. 舌杯虫病

【病原】舌杯虫侵入鳃或皮肤。

【症状】附着于泥鳅鳃或皮肤，平时取食周围水中食物，对寄主组织没有破坏作用，感染程度不高时危害不大。如果与车轮虫并发或大量发生时，能引起泥鳅死亡。对幼鳅，特别是1.5～2厘米的鳅苗，大量寄生时妨碍正常呼吸，严重时使鳅苗死亡。一年四季都可出现，以夏、秋两季较为普遍。

【防治】①流行季节用硫酸铜和硫酸亚铁合剂挂袋。②放养前用浓度为8毫克硫酸铜溶液浸洗鳅种15～20分钟。③用硫酸铜和硫酸亚铁合剂（5∶2）全池泼洒，使池水浓度为0.7毫克/升。

9. 小瓜虫病

【病原】多子小瓜虫寄生。

【症状】肉眼观察，病鳅在皮肤、鳃、鳍上布有白点状孢囊。

【防治】①病鳅用浓度为15～20毫克/升福尔马林，隔天1次全池泼洒，直至控制病情。②以生姜和辣椒汁混合剂治疗。每亩（每米水深）用辣椒粉250克和干生姜100克混合煮沸半小时，全池泼洒。

10. 气泡病

【病原】水中氧气或其他气体含量过饱和。

【症状】体表出现气泡，常由气泡浮力浮于水面，很难向下游入水中。因反复向下挣扎，体力耗竭而死。主要危害泥鳅夏花，且个体越小越易犯病，严重时可导致全部死亡。

【防治】①加强日常管理，合理投饵，防止水质恶化。②适当提高水体pH值和水体透明度，具有很好的缓解作用。③发病时，每亩（每米水深）用4～6千克食盐全池泼洒。

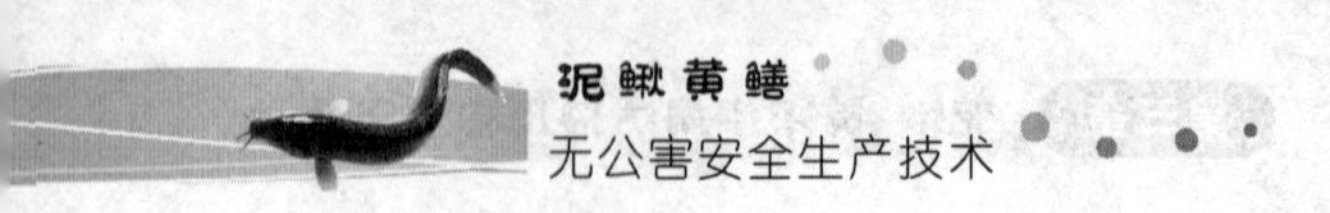

三、泥鳅新疾病的防治技术

1. 溃疡病

【病原】目前，已报道的泥鳅溃疡病病原体有嗜水气单胞菌、温和气单胞菌、凡隆气单胞菌、创伤弧菌及霍乱弧菌等。

【症状】发病早期，病鳅体色发黑，离群独游，食欲减退，口、鳃盖、下颌、躯干部、腹部的皮肤、胸鳍及腹鳍发红，体表某些部位出现数目不等的块状红斑，剖检内脏无明显病变。随着病情的发展，病灶处皮肤溃烂，肌肉坏死，形成大小不等、深浅不一的溃疡，严重时露出肌肉，剖检可见肝脏肿大有出血点。疾病后期，溃疡进一步扩大加深，严重时露出骨骼和内脏，剖检可见腹腔内有大量红色的腹水，肠内无食物，肝、脾肿胀或有不同程度的出血。有的病鳅可存活较长的时间，溃疡可到达身体较深的部位，甚至造成头盖骨软组织坏死，使病鳅脑组织暴露出来。多数病鳅死后沉入池底，待腐烂胀气后才浮出水面。

【流行情况】此病是近年来在泥鳅养殖中普遍发生且危害较大的一种新的细菌性传染病。水质差，投喂过量，鳅体受伤，寄生虫感染等是此病发生的诱因。流行于4～10月，水温15℃时即可发生，流行高峰水温为20～30℃。病鳅感染后，往往经久不愈，严重影响生长。感染率可高达80%，累积死亡率在60%左右。

【防治】

(1) 预防方法

① 当鳅池水温升高时应适时换水，适当加深水位。

② 减少不必要的机械操作，避免引起应激反应和鳅体受伤，及时防除寄生虫病。

③ 定期采用微生态制剂调节水质，并投喂免疫制剂以增强鳅体的抗病力。

(2) 治疗方法　在水温、水中有机质含量较低时，用0.1毫升/米^{3}的复合碘溶液兑水全池均匀泼洒；在水温、水中有机质含量较高时，用40毫克/米^{3}的戊二醛溶液（以戊二醛计）兑水全池均匀

泼洒，隔天再用 0.1～0.15 克/米^3 的苯扎溴铵溶液（以苯扎溴铵计）全池均匀泼洒。同时，用 20 毫克/千克体重的氟苯尼考和 1 克/千克体重的维生素 C 均匀拌饲投喂，每天 3 次，连用 5～7 天。

2. 出血病

【病原】嗜水气单胞菌。

【症状】病鳅体表有点状、块状或弥散性充血、出血；有的口、眼出血，眼球突出，腹部膨大、红肿；有的鳃呈灰白色，严重时鳃丝末端腐烂。腹腔内积有黄色或红色腹水，肝、脾、肾肿大，肠内充气且无食物，肠壁充血。在高温季节急性感染时，有些病鳅外表无明显症状即死亡。

【流行情况】此病是近年来在泥鳅养殖中发现的一种新的细菌性传染病，呈败血症的典型症状，疾病发展迅速，死亡率高。从早春至 10 月均有发生，以夏季发病率最高。

【防治】

(1) 预防方法

① 彻底清塘，掌握合理的养殖密度。

② 苗种下塘用 3%～5%的氯化钠水溶液药浴 3～5 分钟。

③ 适时换水、增氧，保持水质清新。

④ 勤除杂草和清洗食场，不留残饵，发现死鱼及时捞出并进行无害化处理。

(2) 治疗方法　用 0.3 克/米^3 的二溴海因或溴氯海因兑水全池泼洒，隔天 1 次，连用 2～3 次；同时用 10～20 毫克/千克的恩诺沙星粉（以恩诺沙星计）均匀拌饲投喂，每天 2 次，连用 5～7 天，病情严重者可再用一个疗程。

3. "一点红"病

【病原】初步认为是迟钝爱德华菌导致。

【症状】发病初期，病鳅体色变淡，背部轻微水肿。随着病情的发展，病鳅食欲减退或停止摄食，体色发黑，反应迟钝，身体失去平衡，在水中上下旋转，或者头朝上尾朝下在水面来回急速转动。病鳅双眼充血并向外突出，头顶部充血、出血，向上隆起，呈“一点红”症状。病情严重时，头顶部的皮肤破溃，头盖骨裂开、穿孔，可见白色黏稠状脑组织或带血红色的黏液流出。但并不是发生“一点红”病的泥鳅都会出现“裂头”症状，多数病鳅来不及发展到“裂头”阶段就已死亡。除头部的典型症状外，病鳅鳍基充血发红，腹部膨大，鳃丝肿胀呈暗红色，鳃丝末端轻度糜烂。解剖可见腹腔有淡黄色透明状液体，肝脏肿大，其上有出血点或出血斑，脾和肾脏肿大、充血，肠道中没有食物，有黄色的脓汁状液体，肠壁充血发红，肠黏膜脱落。

【流行情况】此病是近年来在泥鳅养殖中发现的一种新的细菌性传染病，具有以下流行病学特点。

① 在养殖斑点叉尾鮰或黄颡鱼的地区开展泥鳅养殖或者从这些地区引进泥鳅苗种，容易发生此病。

② 多发生在 6～9 月，从苗种到成鳅均可感染。苗种发病后往往呈急性死亡，死亡率较高；成鳅发病，一般情况下死亡速度并不快，但病程比较长，短的几天，长的可达 1 个月以上，累积死亡率较高。

③ 放养密度过大，水温过高，水质恶化，寄生虫感染是主要诱因。

【防治】

(1) 预防方法　严格执行检疫制度，降低泥鳅苗种的放养密度，加强水质管理、饲料管理及日常管理，及时捞除病鱼、死鱼并深埋，定期检查和杀灭泥鳅皮肤及鳃上的寄生虫。

(2) 治疗方法　在治疗此病时分清主次显得尤为重要。检查是否有大量的寄生虫寄生，如有先作杀虫处理。发病早期治疗效果较好，后期治疗效果较差，病情严重的很难治愈。要注意选择一些能透过血脑屏障的药物（如氟苯尼考、恩诺沙星及磺胺类等）进行拌饲投喂，同时用消毒剂进行水体消毒，以杀灭鳅体内外和水体中的病原菌。发病后可采取如下方法进行治疗。

① 第 1 天，抽掉部分底层污水，用 25 克/米^3 的生石灰化水全

池泼洒。

② 第2天、第3天，每天上午用0.7克/米^{3}的硫酸铜与硫酸亚铁合剂（5∶2）全池泼洒，下午用0.3克/米^{3}的二氧化氯、二溴海因或溴氯海因兑水全池泼洒，或用4.5～7.5克/米^{3}的聚维酮碘溶液（含有效碘1%，以有效碘计）以300～500倍的水稀释后全池均匀泼洒。

③用10～15毫克/千克体重的氟苯尼考均匀拌饲投喂，每天1次，连用5～7天。病情严重时再用一个疗程。

4. 扁弯口吸虫病

【病原】扁弯口吸虫的囊尾蚴。成虫寄生于鹭科鸟类的咽喉。

【症状】发病早期没有明显症状。病情严重时，在病鳅的头部、体表、鳍、鳃及肌肉等处形成圆形小包囊，呈橙黄色或白色，直径约2.5毫米。在一尾泥鳅上的囊尾蚴数可从数个到100个以上。病鳅离群独游，在浅水边或其他物体上摩擦。成鳅单纯感染时一般不会死亡，但苗种被虫体大量寄生时，则可致死。

【流行情况】随着近年来推行泥鳅大规模高密度养殖，此病的发生日益普遍，已引起了人们的重视。流行于4～8月，养殖水体恶化，大量使用未经发酵的粪肥是此病发生的诱因。

【防治】

（1）预防方法

① 彻底清塘，杀灭池中的第一中间宿主、虫卵及囊尾蚴。

② 加注新水时，严防第一中间宿主螺类随水带入。

③ 在鱼池下风处，放入用水草扎成的草把诱捕螺类，每天将水草把上附着的螺类取出，置于远离鱼池处杀死或埋入土中，这样连续几天，可起到一定的预防作用。

（2）治疗方法　用0.3克/米^{3}的二氧化氯兑水全池泼洒，隔天1次，连用3次。同时，用80毫克/千克体重的左旋咪唑均匀拌饲投喂，每天1次，连用3天。

5. “胀气”病

【病因】长期投喂高蛋白质的饲料，尤其是动物性饲料，使泥鳅肝、胆及肠道的消化功能减弱或丧失；初春或高温季节，泥鳅的消化能力降低，肠蠕动功能减弱或消失，致使肠腔内的气体及粪便排不出体外，最终导致“胀气”。

【症状】病鳅腹部向上漂浮于水面，腹部膨胀。剖检可见肠道内有大量的气体，或伴有饲料存在，一节一节的，像扭曲的充了气的长气球一样。肠壁变得很薄，有时伴有肠炎发生。有的病鳅肝脏、脾脏肿大，肝脏发黄、发白或发绿，胆汁变黑或变黄，最终死亡。

【流行情况】随着近年来推行泥鳅大规模高密度养殖，由于大量投喂人工配合饲料，此病时有发生。

【防治】

（1）预防方法　泥鳅的饲料配方要科学合理，切忌长期投喂高蛋白质的饲料，投饲方法要科学。

（2）治疗方法　用 7.5 克/米^3 食盐化水全池泼洒，同时，用 3.2 克/千克饲料的利胃散拌饲投喂，每天 1～2 次，连喂 5～7 天。

6. 肝胆综合征

【病因】①养殖密度过大，水体环境恶化。②药物刺激。③饲料酸败变质、营养成分失衡以及饲料中含有有毒物质。

【症状】病鳅体色发黄或发白，机体无力，活动量很小或几乎不活动，用手抓起，泥鳅在手中发软不挣扎。发病初期，肝脏略肿大，轻微贫血，色略淡；胆囊色较暗，略显绿色。随着病情的发展，肝脏明显肿大，可比正常状态下大 1 倍以上。肝色逐渐变黄发白，或呈斑块状（黄色、红色、白色相间），形成明显的“花肝”症状。有的病鳅肝脏局部或大部分变成“绿肝”，有的肝脏轻触易碎；胆囊明显肿大 1～2 倍，胆汁颜色变深绿色或墨绿色，或变黄色、变白色直到无色，重者胆囊充血发红，并使胆汁也呈红色。由于主要脏器出现严重病变，鳅体的抗病能力下降，给其他病原菌的侵入以可乘之机，因此此病重症者常同时伴有出血、烂鳃、肠炎、烂头和烂尾等症状。

【流行情况】随着近年来推行泥鳅大规模高密度养殖，此病经

常发生，流行于3～10月。经过越冬期的泥鳅，无论规格大小，来年春天都会发生此病。将要进入越冬期的泥鳅，发病率也较高。一旦发病，死亡率较高。

【防治】

（1）预防方法　在饲料中添加多种维生素，定期投喂氨基酸、免疫多糖及保肝护胆的药物。

（2）治疗方法

① 用0.1克/千克体重的肝胆利康散均匀拌饲投喂，每天1次，连用10天。

② 用0.2克/千克体重的板黄散均匀拌饲投喂，每天3次，连用5～7天。

第二节　无公害黄鳝病害防治

一、黄鳝疾病预防

引发黄鳝疾病的原因是多方面的，故应采取综合性的预防措施，加强日常管理与消毒措施，才能有效地预防病害的发生。任何传染性疾病的发生，必定有病原体的存在。因此，预防疾病应从控制或消灭病原体着手。有些疾病在传播过程中有一系列环节，如能破坏其中一个环节，就能达到控制和消灭病原的目的。

1. 生态预防

鳝病预防宜以生态预防为主。生态预防措施如下。

（1）保持良好的空间环境　养鳝场建造合理，满足黄鳝喜暗、喜静、喜温暖的生态习性要求。

（2）加强水质、水温管理　日常管理中做好水环境的改善工作，为黄鳝创造良好的生活环境。由于鳝粪、残饵以及肥料渣等在饲养过程中日积月累，使池水水质过肥，黄鳝容易生病；反之，过瘦也会导致黄鳝患病。因而，在饲养管理过程中，一定要认真观察水质变化，及时采取培肥、加水、换水等有效措施。

水温高于30℃，应采取加注新水、搭建遮阳棚、提高凤眼莲的覆盖面积或减小黄鳝密度等防暑措施；水温低于5℃时应采取提高水位确保水面不结冰、搭建塑料棚或放干池水后在泥土上铺盖稻草等防寒措施。

(3) 增加植被　在鳝池中种植挺水性植物或凤眼莲、喜旱莲子草等漂浮性植物，在池边种植一些攀缘性植物。水草不仅能起到防暑御寒的作用，而且还可以为黄鳝提供隐蔽场所，有明显的净化改良水质的作用，可有效降低黄鳝的发病率。

(4) 搭配放养　在池中搭配放养少量泥鳅以活跃水体。同时，每池放入数只蟾蜍，其分泌物可预防鳝病。

(5) 调节密度　黄鳝放养密度应视鳝池大小、种苗规格、饲料和管理水平而定。规格一般以每尾15～20克为宜，每平方米放养80～150尾，放养密度为1.5～2千克/米^2，一般不宜超过3千克/米^2，要注意及时分池。

(6) 中草药防治　中草药防治的主要途径是在配合饲料中添加已经粉碎的中草药或泡制的中草药制剂，也可用中草药溶液全池泼洒或将新鲜中草药植物茎叶浸泡于鳝池中。目前已被证实对黄鳝有效的中草药有马齿苋、大黄、黄芪、五倍子、苦楝树、贯众及水辣蓼等。

(7) 杀灭寄生虫　黄鳝肠道寄生虫尤其是新棘虫、毛细线虫寄生率和寄生强度非常高，这也是黄鳝生长慢、免疫力下降的重要原因。所以，利用野生鳝种养殖要“治病先治虫”，一旦驯食配合饲料成功，要立即着手杀灭寄生虫。

2. 药物预防

(1) 鳝种消毒　放养前鳝种应进行消毒，一般可选用以下消毒剂：食盐，浓度为2.5%～3%，浸浴5～8分钟；聚维酮碘（含有效碘1%），浓度为20～30毫克/升，浸浴10～20分钟；四烷基季铵盐络合碘（季铵盐含量50%），浓度为0.1～0.2毫克/升，浸浴30～60分钟。

（2）环境消毒　周边环境用漂白粉喷洒；土池和有土水泥池在放养前10～15天用生石灰150～200克/米^{3}消毒，再注入新水；无土水泥池在放养前15天用生石灰75～100克/米^{3}消毒，或用漂白粉（含有效氯28%）10～15克/米^3，全池泼洒消毒；网箱在放养前15天用20毫克/升高锰酸钾浸泡15～20分钟。

（3）定期消毒　饲养期间每10天用漂白粉（含有效氯28%）1～2毫克/升全池遍洒，或生石灰30～40毫克/升化浆全池遍洒，两者交替使用。

（4）饲料消毒　动物性饲料在投饲前应洗净后在沸水中放置3～5分钟，或用高锰酸钾20毫克/升浸泡15～20分钟，或5%食盐浸泡5～10分钟，再用淡水漂洗后投饲。

（5）食台、工具消毒　养鳝生产中所用的食台、工具应定期消毒，每周2～3次。用于消毒的药物有高锰酸钾100毫克/升，浸洗30分钟；5%食盐，浸洗30分钟；5%漂白粉，浸洗20分钟。发病池的用具应单独使用，或经严格消毒后再使用。

施药的同时还要注意：①在投喂药饵之前，应先停喂1次或1天，而后再投喂，同时也可在饲料中适当添加引诱物（如蚯蚓、蜗牛等）；②泼洒药物时，应先喂食后泼洒，禁止边洒药边喂食；③药物要充分溶解，不易溶解的要充分搅拌或者加助溶剂，有药渣时要用60目纱布过滤后使用；④避免鱼误食中毒。

3. 病鳝隔离

在养殖过程中，应加强巡池检查，一旦发现病鳝，应及时隔离饲养，并用药物处理。当连片鳝池的某一个池子发生传染病时，一定要做好“封池”、隔离工作，即在该池用过的网具等要经过消毒后，才能再在其他池中使用。死鳝要挖坑埋好，切勿乱丢，同时应避免该池水流入其他鳝池，以防疾病传播蔓延。

药物处理方法按NY 5071—2002《无公害食品渔用药物使用准则》的规定执行。

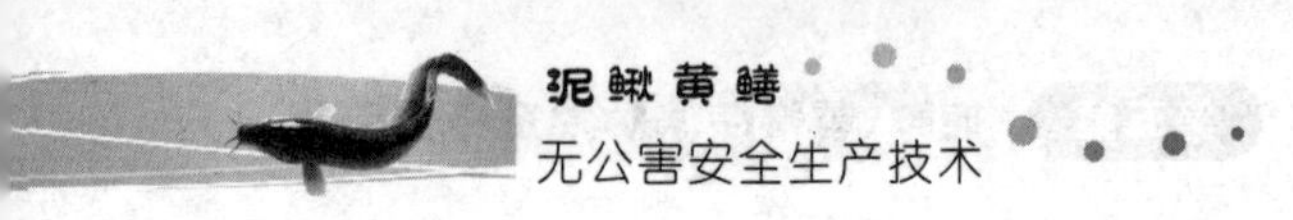

二、黄鳝常见病的防治

黄鳝的抗病能力虽强，但在人工饲养的条件下，由于密度大，水质易恶化，常引发各种疾病。引起黄鳝疾病的病原主要有真菌、细菌、寄生虫和非生物因素等。

（一）真菌性疾病

水霉病

【病原】由真菌引起的疾病。

【症状】由机械损伤后伤口被水霉感染而致。初期症状并不明显，数天后病灶部位长出棉絮状菌丝，在体表或受精卵的表面迅速繁殖扩散，形成肉眼可见的白毛。如果正在孵化中的受精卵受到感染，严重时就会终止胚胎发育。春、秋季水温在13～18℃时流行此病，危害极大。

【防治】尽量减少机械损伤，防止感染；用5%碘酒涂抹患处，池塘立即加注新水，用400毫克/升食盐、小苏打（1：1）兑水全池泼洒；用3%～4%食盐水浸洗病鳝5分钟；受精卵可用6～7毫克/升亚甲基蓝溶液浸泡10～15分钟，连续使用2～3天；可在水霉病初期将五倍子研碎，用开水冲溶，滤渣后全池泼洒，使池水中药浓度成4克/米^3。

（二）细菌性疾病

1. 赤皮病

【病原】由假单胞菌感染而引起的疾病。

【症状】病鳝体表发炎充血，尤其是鳝体两侧和腹部极为明显，呈块状，有时黄鳝上下颌及鳃盖也充血发炎。在病灶处常继发水霉菌感染。一年四季都有发生，春末和夏初较常见。

【防治】用1.0～1.2毫克/升漂白粉全池泼洒；用0.05克/米^{3}明矾兑水泼洒，2天后用25克/米^{3}生石灰兑水泼洒；每100千克黄鳝用磺胺嘧啶5克拌饲投喂，连喂4～6天；在鳝池泥埂上栽种辣蓼或菖蒲，可长期预防此病，效果很好；也可用蟾蜍预防；五倍子研碎，开水冲溶后，全池遍洒，使池水中的药液浓度呈2～4克/米^2；每50千克黄鳝，用辣蓼干粉500克、艾叶粉100克，制成药饵投喂，每天1次，连续4天；每50米^{2}水面用蓖麻鲜叶或嫩枝150～170克，扎成数小捆，插于多处泥埂中让其腐烂，每次3～4天，连续2次；每50米^{2}水面用新鲜马尾松针叶150～200克研细，兑水后滤汁全池泼洒。

2. 打印病

【病原】由点状产气单胞菌感染而引起疾病。

【症状】主要发生在鳝体后部，腹部两侧更为严重，少数发生在体前部，这与体躯后部容易受伤有关。患病部位皮肤先出现圆形或椭圆形坏死和糜烂，露出白色真皮，皮肤充血发炎的红斑形成明显的轮廓，好似在黄鳝体表加盖了红色印章，故称打印病。随着病情的发展，病灶的直径逐渐扩大，糜烂加深，严重时甚至露出骨骼或内脏，病鳝游动缓慢，头常伸出水面，久不入穴，最后瘦弱而死。发病率可达80%以上，以5～6月份最为常见。

【防治】用2～4毫克/升五倍子全池遍洒，同时每100千克黄鳝用2克磺胺间甲氧嘧啶拌饲投喂，连喂5～7天；水深30厘米的池水，每100米^{2}水面用辣蓼200克、苦楝树皮（汁果均可采用）300克、烟叶100克，切碎熬成5千克汁，加食盐10克，全池遍洒，重点在食场周围泼洒，每天1次，连续3天。池内放养几只蟾蜍，黄鳝患病时，可取1～2只蟾蜍剖开（连皮），用绳系好在池内拖几遍。蟾蜍身体上产生的蟾酥分泌物具有防治功能，1～2天即可治病。

3. 细菌性烂尾病

【病原】由产气单胞菌感染引起。

【症状】黄鳝尾部受伤后病菌经皮肤接触而感染。感染后尾柄充血发炎、糜烂，严重时尾部烂掉，肌肉出血、溃烂，骨骼外露，病鳝反应迟钝，头常露出水面，最后丧失活动能力而死亡。

【防治】用10毫克/升的二氧化氯药浴病鳝5～10分钟；每100千克黄鳝用5克土霉素拌饲投喂，每天1次，连喂5～7天。

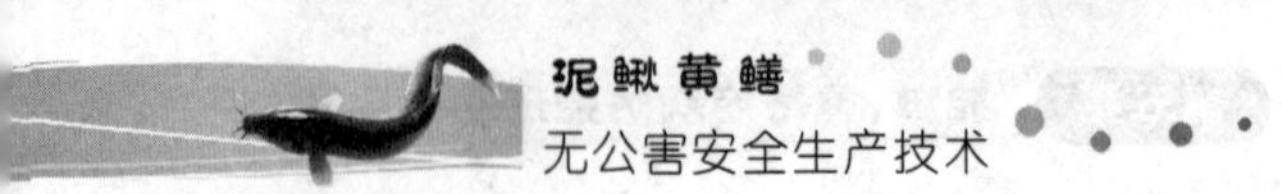

4. 细菌性肠炎

【病原】由肠型点状产气单胞菌感染引起。

【症状】病鳝离群独游，游动缓慢，鳝体发黑，头部尤甚，腹部出现红斑，食欲减退。发病早期，剖开肠管可见肠管局部充血发炎，肠内没有食物，肠内黏液较多。发病后期可见全部肠道呈红色，肠壁的弹性差，肠内无食物，只有淡黄色黏液，肛门红肿。患病严重时腹部膨大，如将病鳝的头拎起，即有黄色黏液从肛门流出，很快就会死亡，死亡率甚高。

【防治】发病期间用1.0～1.2毫克/升漂白粉全池泼洒，同时，每100千克黄鳝每天用大蒜30克拌饲，分2次投饲，连喂3～5天，或每100千克黄鳝用5克土霉素或磺胺甲基异噁唑，连喂5～7天；每100千克黄鳝用辣蓼5千克、薄荷叶3千克，熬水全池泼洒，15天后重复1次；每100千克黄鳝用干地锦草0.5千克或鲜辣蓼2～4千克，熬水，全池泼洒，连用3天；每月投喂1～2个疗程的大蒜，每100千克黄鳝每天用大蒜头500克（捣烂）或大蒜素2克、食盐50克拌饲，分2次投喂，连投3天；每50米^{2}水面用蓖麻鲜叶或嫩枝150～200克，扎成数小捆，插于泥埂中让其自然腐烂，每次3～4天，连续2次；每100千克黄鳝用铁苋菜干品250克与水辣蓼干品250克混合加水煎煮2小时，拌饵投喂，每天1次，连续3天；每50千克黄鳝用穿心莲干品1千克或鲜草1.5千克，粉碎煎煮，用蚕蛹、干蛆或蚯蚓浸药汁，晾干后投喂，每天1次，连续5～7天。

5. 出血病

【病原】由嗜水气单胞菌引起的败血病。

【症状】病鳝体表有血斑，斑块形状不定，斑块周边出血较中间严重，有时呈弥漫性出血，整个体表以腹部出血为重，两侧次之，背部不多。解剖发现其内部各器官出血，肝的损坏尤为严重，肠黏膜点状出血，肾肿胀出血，肠道内无食物，有黄色黏液，血管壁变薄甚至破裂。

【防治】用10毫克/升的二氧化氯浸浴病鳝5～10分钟，同时，每100千克黄鳝用2.5克氟哌酸拌饲投喂，连续5天，第一天药量加倍；每亩水深30厘米，用250克烟叶温水浸泡5～8小时后，全池泼洒。

6. 红斑病（梅花斑病）

【病原】由细菌感染引起。

【症状】病鳝体表，尤其是背部出现黄豆大小或蚕豆大小的黄色圆形斑块。此病在长江流域常发生在7月中旬。

【防治】在饲养池内放养几只蟾蜍，能预防此病发生；一旦发病，可用1～2只蟾蜍剥开头皮，系上绳子在池中反复拖数次，1～2天后即可痊愈。因为蟾蜍分泌的蟾酥对此病有特殊的防治功能。鳝池应经常换水，改善水质条件。

（三）寄生虫病

1. 毛细线虫病

【病原】由毛细线虫寄生在黄鳝肠道后半部所引起的疾病。

【症状】患病黄鳝时常将头伸出水面，腹部向上。解剖后肉眼可见后肠内有乳白色细小如线的毛细线虫，体长为2～11毫米，其头部钻入肠壁黏膜层，破坏组织，导致肠中其他病菌侵入肠壁，引起发炎溃烂，如大量寄生，病鳝离穴分散池边，极度消瘦，继而死亡。发病期大多在7月中旬。

【防治】每100千克黄鳝用0.2～0.3克左旋咪唑或甲苯咪唑，连喂3天；用贯众、荆芥、苏梗、苦楝树根皮等中草药合剂，按50千克黄鳝用药总量290克（比例为16∶5∶3∶5）加入相当于总药量3倍的水中，煎至原水量的1/2，倒出药汁，再按上述方法加水煎第二次，将第二次药汁拌入饲料投喂，连喂6天；把兽用敌百虫片（0.5克/片）用水浸泡后碾碎，按0.1%的量拌饲使用，连喂6天；秋水仙碱3克、毛茛碱1克、氨茶碱0.3克、藜芦碱3克、生石灰100克、苯甲酸3克，用适量温水浸泡7天后过滤浸出液，并于药液中拌入2克漂白粉，即刻进行泼洒，该量可泼洒水面20

米^{2}左右，3次见效。

2. 棘头虫病

【病原】由棘头虫寄生在黄鳝前段肠内而致病。

【症状】患病黄鳝的食欲严重减退或不进食，体色变青发黑，肛门红肿。经解剖后肉眼可见肠内有白色条状蠕虫，能收缩，体长8.4～28毫米，吻部牢固地钻进病鳝肠黏膜内，吸取其营养，以致引起肠道充血发炎，阻塞肠管，使部分组织增生或硬化，严重时可造成肠穿孔或肠管被堵塞，鳝体消瘦，引起黄鳝死亡。

【防治】每100千克黄鳝用0.2～0.3克左旋咪唑或甲苯咪唑和2克大蒜素粉或磺胺嘧啶拌饲投喂，连喂3天；每50千克黄鳝用40～45克90%晶体敌百虫混于饲料中投喂，连喂6天；将苦楝树根或果实2千克捣碎，加入1.5千克三氯甲烷液密封3天后过滤出浸出液，进行分馏，即获得岩藻糖和茶酚等混合物，将此混合物拌入蚯蚓或蜗牛中饲喂病鳝，连续6天见效。

3. 锥体虫病

【病原】由锥体虫寄生在黄鳝血液中而引起的疾病。

【症状】锥体虫的寄生一般与水域中存在水蛭有关，水蛭吸鳝血时，就将锥体虫传播到鳝体血液中。黄鳝感染锥体虫后，大多数发生贫血，鳝体消瘦，生长不良。流行期为6～8月。

【防治】由于水蛭是锥体虫的中间宿主，在放鳝种时，要用生石灰彻底清池，杀死水蛭；用2%～3%食盐水，浸洗病鳝5～10分钟；用0.5毫克/升硫酸铜和0.2毫克/升硫酸亚铁合剂，浸洗病鳝10分钟。

4. 隐鞭虫病

【病原】因隐鞭虫寄生在黄鳝血液中而引起的疾病。

【症状】被隐鞭虫寄生的黄鳝发生贫血，吃食减少，病体消瘦，游动缓慢，呼吸困难，大量寄生于血液中会引起黄鳝死亡。一般感染率较低，危害不大。

【防治】用2%～3%食盐水浸洗病鳝5～10分钟；用硫酸铜和硫酸亚铁合剂（5∶2）全池泼洒，使池水达到0.7毫克/升的浓度。

5. 黑点病

【病原】由复口吸虫的囊尾蚴寄生在黄鳝皮下组织而引起的。

【症状】发病初期，黄鳝尾部出现黑色小圆点，后期小圆点颜色加深变大，隆起而形成黑色小结节，手摸有粗糙感，故称黑点病。有些黑色小结节进入皮下，并蔓延至身体多处，有时会引起鳝体变形、脊椎骨弯曲等症状，病鳝贫血，严重感染时，生长停止，萎瘪消瘦而死。

【防治】在放养鳝种前用 0.7 毫克/升硫酸铜溶液全池泼洒，杀灭锥实螺；用 0.7 毫克/升的二氧化氯全池泼洒。

6. 水蛭病

【病原】由中华颈蛭和拟扁蛭寄生在黄鳝体表引起。

【症状】由于水蛭寄生于黄鳝头部及体侧皮肤上，吸取血液，黄鳝表皮组织受伤，易引起细菌感染，还会带入多种寄生虫，导致多种疾病的发生。轻者影响黄鳝摄食生长，重者因失血过多或继发水霉病和细菌性疾病而死亡。

【防治】每立方米水体加 10 克硫酸铜，浸洗病鳝，浸洗 20 分钟水蛭还不脱落时，向容器中冲加新水；用 0.1%的 90%晶体敌百虫溶液浸泡黄鳝 15 分钟，同时按每立方米水体用 90%晶体敌百虫 0.1～0.2 克全池泼洒药物，用药 2 次；用茶籽饼浸泡液全池泼洒，24 小时后换水一次；用丝瓜络浸入鲜猪血，待猪血凝固后放入水中诱捕水蛭，30 分钟后取出，如此反复多次。

(四) 非生物因素引起的疾病

1. 发烧病

【病因及症状】在高密度养殖和长时间运输过程中，黄鳝体表分泌的黏液在水中聚积发酵释放出大量热量，可使水温骤升（有时高达 50℃），水中的溶解氧含量降低，抑制和破坏了黄鳝的正常代谢而引起黄鳝发病。病鳝表现为离穴，神经质窜游，焦躁不安，相互缠绕，造成大批死亡，死亡率可达 90%。

【防治】在鳝池内混养少量泥鳅，吃掉残饵，并通过泥鳅上下

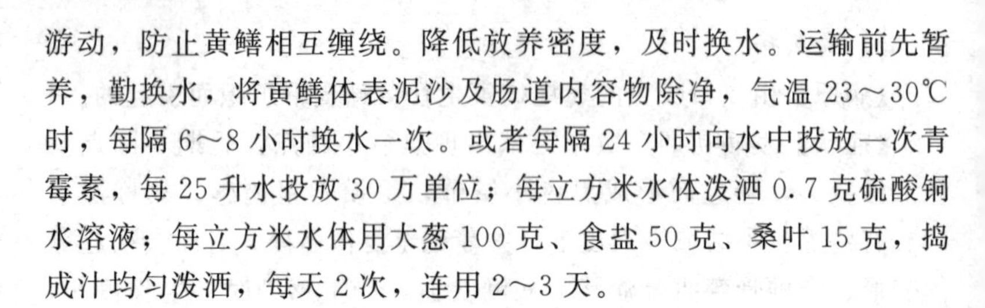

游动，防止黄鳝相互缠绕。降低放养密度，及时换水。运输前先暂养，勤换水，将黄鳝体表泥沙及肠道内容物除净，气温23～30℃时，每隔6～8小时换水一次。或者每隔24小时向水中投放一次青霉素，每25升水投放30万单位；每立方米水体泼洒0.7克硫酸铜水溶液；每立方米水体用大葱100克、食盐50克、桑叶15克，捣成汁均匀泼洒，每天2次，连用2～3天。

2. 感冒

【病因及症状】水温的急剧变化，刺激黄鳝的神经末梢，引起黄鳝身体皮层渗透不平衡和体液代谢受抑制，体温调节通路闭塞而发生感冒。当天气突然变化或在运输途中换水温差过大，或注入池塘新水时使池内水温变化过大，均能引起感冒。其主要症状是黄鳝皮肤失去原有光泽，并有大量黏液分泌。严重者呈休克状态。此病多发于夏季。

【防治】加强水温、水质控制，换水时水温温差不超过5℃；换水时，水应先冲入池中的缓冲坑中，并以细流注入；所换新水，每次不可超过全池老水的1/3，综合状况好时或水体水质极度恶化时，可适当多换一些，但注水不可太急。运输及养殖中换水温差不超过2℃。入冬前后水温下降至12℃左右时，黄鳝开始入穴越冬，这时要排出池水，保持池土湿润，并在池土上面覆盖一层稻草或麦秸，以免池水冰冻。

3. 萎瘪病

【病因及症状】由于放养过密或饵料不足引起的疾病，常发生在鳝种池及成鳝池。病鳝体色发黑，身体明显消瘦、干瘪，头大身细，尾如线状，脊背薄如刀刃，体色发黑，往往沿池边迟钝地单独游动，严重时丧失摄食能力，不久便会死亡。

【防治】严格控制鳝种的放养密度和规格，并要加强饲养管理，保证鳝种有足够的饵料。越冬前要保证黄鳝吃饱吃好，发育正常。严格进行分级饲养。发病早期及时增加新鲜饵料，如蚯蚓、蛆等。

4. 痉挛症

【症状】一般出现在野生鳝苗放养后2～10天，初始表现为不

开食，易受惊，随后鳝苗开始表现出弯曲症状，并且就地做打圈运动，同时肌肉极度紧张，身体收缩，逐渐死亡。一般死亡率达30%以上。

【防治】鳝苗下池前，抗酸剂浸泡处理；鳝苗下池前，抗痉剂浸泡处理4小时；鳝苗下池后，拌喂抗痉剂和抗酸剂；非氧化类消毒剂全池泼洒两个疗程。

5. 昏迷症

【症状】此病多发生于炎热季节，由于池水较浅，水温过高，黄鳝适应不了这种环境。病鳝呈昏迷状态。

【防治】先遮阴降温，并加少量清水，再将蚌肉切碎撒入池内，有一定疗效。

6. 缺氧症

【病因及症状】由于鳝池内水体温度较高，各种理化反应加剧而没有及时处理，使水体溶解氧下降，造成缺氧。此时黄鳝无法抬头呼吸空气，使机体呼吸功能紊乱、血液载氧能力剧减而导致头脑缺氧。病鳝表现为频繁探头于洞外甚至长时间不进洞穴，头颈部发生痉挛性颤抖，一般3～7天后陆续死亡。

【防治】①严格进行水质测控管理，保持水体的综合缓冲能力；②高温季节时，要及时采取增氧、降温等措施，预防疾病发生；③发病后要立即换水，同时进行水体增氧；④及时捞出麻痹瘫软的病鳝，以减轻水体负担。

第三节 泥鳅、黄鳝无公害安全用药

随着科学技术进步和现代工业的发展，渔药和饲料添加剂等许多化学合成物质被应用到渔业生产中，对养殖起到了明显的推动作用，但是有些物质却对环境造成了极大的威胁。而无公害养殖标准要求养殖户在泥鳅、黄鳝养殖的各个环节，必须采用和遵循有利于保护人畜健康、保护生态环境、有利于生产可持续发展的技术和规程，尽可能不用或少用化学合成物品，实现养殖和生产全过程的有害污染物质的零排放。要达到这一要求，除了严格按照鱼类养殖管理准则进行，在生产资料及原材料的采购、排泄物及副产物的无害化处理、产品的质量安全检验及认证等方面都要符合标准的要求。因此，无公害养殖不仅可以有效地减少有害化学物质在动物产品中的残留，同时最大限度地减少了有害物质在环境中的排放与污染，从而保护和改善生态环境，实现在高水平生产条件下，保持农牧渔业的可持续发展。

进行无公害泥鳅、黄鳝养殖，生产过程应坚持“以防为主、防重于治、防治结合”的原则。许多渔药一方面具有治疗作用，另一方面则有不利影响，如对养殖对象本身的毒害、可能产生二重感染、产生耐药性、对环境产生污染、通过水产动物积累对人体产生有害作用等。所以，进行无公害养殖生产应尽量减少用药，逐步以生物制剂替代化学药物，以生态养殖防病替代使用药物，进行良种选育和提高免疫力等。因而，养殖过程中必须认真执行国家规定的《无公害食品　渔用药物使用准则》（NY 5071—2002）、《无公害食品　水产品中渔药残留限量》（NY 5070—2002）、《无公害食品　渔用配合饲料安全限量》（NY 5072—2002），并关注无公害水产品养殖技术和要求与国内外有关药物使用的规定及其允许残留标准，不断发展和提高养殖防病技术。

一、渔用药物使用基本原则

（1）渔用药物的使用应以不危害人类健康和不破坏水域生态环境为基本原则。

（2）水生动植物增养殖过程中对病虫害的防治，坚持“以防为主，防治结合”。

（3）渔药的使用应严格遵循国家和有关部门的有关规定，严禁

生产、销售和使用未经取得生产许可证、批准文号与没有生产执行标准的渔药。

（4）积极鼓励研制、生产和使用“三效”（高效、速效、长效）、“三小”（毒性小、副作用小、用量小）的渔药，提倡使用水产专用渔药、生物源渔药和渔用生物制品。

（5）病害发生时应对症用药，防止滥用渔药与盲目增大用药量或增加用药次数，延长用药时间。

（6）食用鱼上市前，应有相应的休药期。确定休药期的长短，应以确保上市水产品的药物残留限量符合 NY 5070—2002 要求为原则。

（7）水产饲料中药物的添加应符合 NY 5072—2002 要求，不得选用国家规定禁止使用的药物或添加剂，也不得在饲料中长期添加抗菌药物。

二、实践用药的其他原则

（1）为了减少外用药的用药量和对环境的影响，可采用以下几种办法。

① 能药浴防治的病例，就不要全池泼洒用药。

② 必须全池泼洒用药时，应先排部分池水后再用药。

③ 浸浴后药物残液不得倒入养殖水体。

④ 恰当选择用药时间：有些寄生虫（或浮游动物的幼虫）有趋光性，应在晴天上午用药；晴天上午水体 pH 值较下午要低，多数药上午用好；二氧化氯在傍晚用好。

（2）药物防治时，要对疾病的诱因、主因、继发原因作全面考虑，分清主次，抓住缓急。有以下几点可借鉴参考。

① 先杀虫后杀菌，如果寄生虫不杀，细菌、真菌、病毒的感染门户永远存在，易再发或继发疾病。

② 防治病毒病时，应注意对继发或并发的细菌和真菌病的防治。

③ 对动物的营养状况做正确评价，如营养有问题应及时调整。

④ 针对病原用药与提高动物免疫力并重，任何药物的疗效均是以动物的免疫力为基础的。

⑤ 综合防治时特别要注意改良水环境，增加氧供应。

⑥ 减少动物的应激，并增加抗应激的药物。

⑦ 利用生物学的规律综合防治。

三、常用药物使用方法

泥鳅、黄鳝养殖中常用药物的使用方法应遵循国家规定的《无公害食品　渔用药物使用准则》（NY 5071—2002），见表5-1。

表 5-1　常用药物使用方法

渔药名称	用途	用法与用量	休药期/天	注意事项
氧化钙（生石灰）	用于改善池塘环境，清除敌害生物及预防部分细菌性鱼病	带水清塘：200～250毫克/升 全池泼洒：20毫克/升		不能与漂白粉、有机氯、重金属盐、有机络合物混用
漂白粉	用于清塘、改善池塘环境及防治细菌性皮肤病、烂鳃病、出血病	带水清塘：20毫克/升 全池泼洒：1.0～1.5毫克/升	≥5	1. 勿用金属容器盛装 2. 勿与酸、铵盐、生石灰混用
二氯异氰尿酸钠	用于清塘及防治细菌性皮肤病溃疡病、烂鳃病、出血病	全池泼洒：0.3～0.6毫克/升	≥10	勿用金属容器盛装
三氯异氰尿酸	用于清塘及防治细菌性皮肤病、溃疡病、烂鳃病、出血病	全池泼洒：0.2～0.5毫克/升	≥10	1. 勿用金属容器盛装 2. 针对不同的鱼类和水体的pH值，使用量应适当增减
二氧化氯	用于防治细菌性皮肤病、烂鳃病、出血病	浸浴：20～40毫克/升，5～10分钟 全池泼洒：0.1～0.2毫克/升，严重时0.3～0.6毫克/升	≥10	1. 勿用金属容器盛装 2. 勿与其他消毒剂混用

续表

渔药名称	用途	用法与用量	休药期/天	注意事项
二溴海因	用于防治细菌性皮肤病和病毒性疾病	全池泼洒：0.2～0.3毫克/升		
氯化钠（食盐）	用于防治细菌、真菌或寄生虫疾病	浸浴：1%～3%，5～20分钟		
硫酸铜（蓝矾、胆矾、石胆）	用于治疗纤毛虫、鞭毛虫等寄生性原虫病	浸浴：8毫克/升，15～30分钟 全池泼洒：0.5～0.7毫克/升		1. 常与硫酸亚铁合用 2. 勿用金属容器盛装 3. 使用后注意池塘增氧 4. 不宜用于治疗小瓜虫病
硫酸亚铁（硫酸低铁、绿矾、青矾）	用于治疗纤毛虫、鞭毛虫等寄生性原虫病	全池泼洒：0.2毫克/升（与硫酸铜合用）		治疗寄生性原虫病时需与硫酸铜合用
高锰酸钾（锰酸钾、灰锰氧、锰强灰）	用于杀灭锚头鳋	浸浴：10～20毫克/升，15～30分钟 全池泼洒：4～7毫克/升		1. 水中有机物含量高时药效降低 2. 不宜在强烈阳光下使用
四烷基季铵盐络合碘（季铵盐含量为50%）	对病毒、细菌、纤毛虫、藻类有杀灭作用	全池泼洒：0.3毫克/升		1. 勿与碱性物质同时使用 2. 勿与阴性离子表面活性剂混用 3. 使用后注意池塘增氧 4. 勿用金属容器盛装
大蒜	用于防治细菌性肠炎	拌饵投喂：10～30克/千克体重，连用4～6天		
大蒜素粉（含大蒜素10%）	用于防治细菌性肠炎	0.2克/千克体重，连用4～6天		

续表

渔药名称	用途	用法与用量	休药期/天	注意事项
大黄	用于防治细菌性肠炎、烂鳃	全池泼洒：2.5～4.0毫克/升 拌饵投喂：5～10克/千克体重，连用4～6天		投喂时常与黄芩、黄柏合用（三者比例5：2：3）
黄芩	用于防治细菌性肠炎、烂鳃、赤皮病、出血病	拌饵投喂：2～4克/千克体重，连用4～6天		投喂时常与大黄、黄柏合用（三者比例为2：5：3）
黄柏	用于防治细菌性肠炎、出血病	拌饵投喂：2～6克/千克体重，连用4～6天		投喂时常与大黄、黄芩合用（三者比例为3：5：2）
五倍子	用于防治细菌性烂鳃、赤皮病、白皮病、疖疮病	全池泼洒：2～4毫克/升		
穿心莲	用于防治细菌性肠炎、烂鳃、赤皮病	全池泼洒：15～20毫克/升 拌饵投喂：10～20克/千克体重，连用4～6天		
苦参	用于防治细菌性肠炎、竖鳞	全池泼洒：1.0～1.5毫克/升 拌饵投喂：1～2克/千克体重，连用4～6天		
土霉素	用于治疗肠炎病、弧菌病	拌饵投喂：50～80毫克/千克体重，连用4～6天	≥30	勿与铝离子、镁离子及卤素、碳酸氢钠、凝胶合用
磺胺嘧啶（磺胺哒嗪）	用于治疗鱼类的赤皮病、肠炎病	拌饵投喂：100毫克/千克体重，连用5天		1. 与甲氧苄氨嘧啶（TMP）同用，可产生增效作用 2. 第一天药量加倍

续表

渔药名称	用途	用法与用量	休药期/天	注意事项
磺胺甲噁唑(新诺明、新明磺)	用于治疗肠炎病	拌饵投喂:100毫克/千克体重,连用5～7天		1. 不能与酸性药物同用 2. 与甲氧苄氨嘧啶(TMP)同用,可产生增效作用 3. 第一天药量加倍
磺胺间甲氧嘧啶(制菌磺、磺胺-6-甲氧嘧啶)	用于赤皮病及弧菌病	拌饵投喂:50～100毫克/千克体重,连用4～6天	≥37	1. 与甲氧苄氨嘧啶(TMP)同用,可产生增效作用 2. 第一天药量加倍
氟苯尼考	用于治疗赤鳍病	拌饵投喂:10.0毫克/千克体重,连用4～6天	≥7	
聚维酮碘(聚乙烯吡咯烷酮碘、皮维碘、PVP-I、碘伏)(有效碘1.0%)	用于防治细菌烂鳃病、弧菌病,并可用于预防病毒病、出血病、传染性胰腺坏死病、传染性造血组织坏死病、病毒性出血败血症	全池泼洒:幼鱼0.2～0.5毫克/升,成鱼1～2毫克/升 浸浴:鱼种30毫克/升,15～20分钟;鱼卵30～50毫克/升,5～15分钟		1. 勿与金属物品接触 2. 勿与季铵盐类消毒剂直接混合使用

注:1. 用法与用量栏未标明海水鱼类与虾类的均适用于淡水鱼类。

2. 休药期为强制性。

四、禁用渔药

泥鳅、黄鳝养殖中严禁使用高毒、高残留或具有三致毒性(致癌、致畸、致突变)的渔药。严禁使用对水域环境有严重破坏而又难以修复的渔药,严禁直接向养殖水域泼洒抗生素,严禁将新近开发的人用新药作为渔药的主要或次要成分。

禁用的渔药及其他化合物,应遵循国家规定的《无公害食品

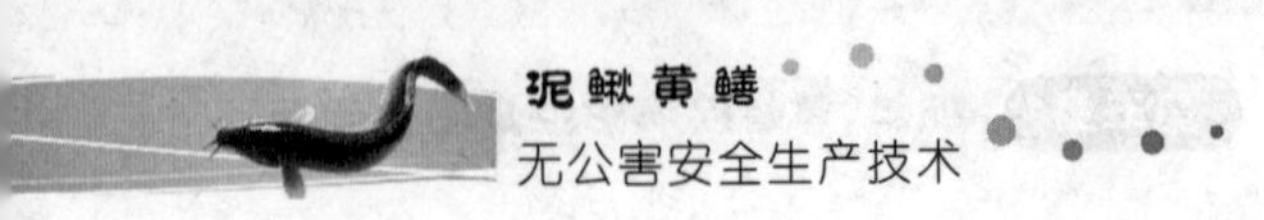

渔用药物使用准则》(NY 5071—2002),见表 5-2。

表 5-2 禁用渔药

药物名称	化学名称(组成)	别名
地虫硫磷	*O*-乙基-*S*-苯基二硫代磷酸乙酯	大风雷
六六六 BHC(HCH)	1,2,3,4,5,6-六氯环己烷	
林丹	γ-1,2,3,4,5,6-六氯环己烷	丙体六六六
毒杀芬	八氯莰烯	氯化莰烯
滴滴涕	2,2-双(对氯苯基)-1,1,1-三氯乙烷	
甘汞	二氯化汞	
硝酸亚汞	硝酸亚汞	
醋酸汞	醋酸汞	
呋喃丹	2,3-二氢-2,2-二甲基-7-苯并呋喃-甲基氨基甲酸酯	克百威、大扶农
杀虫脒	*N*-(2-甲基-4-氯苯基)*N*′,*N*′-二甲基甲脒盐酸盐	克死螨
双甲脒	1,5-双-(2,4-二甲基苯基)-3-甲基-1,3,5-三氮戊二烯-1,4	二甲苯胺脒
氟氰戊菊酯	(*R*,*S*)-α-氰基-3-苯氧苄基-(*R*,*S*)-2-(4-二氯甲氧基)-3-甲基丁酸酯	
五氯酚钠	五氯酚钠	
孔雀石绿	$C_{23}H_{25}ClN_2$	碱性绿、盐基块绿、孔雀绿
锥虫胂胺		
酒石酸锑钾	酒石酸锑钾	
磺胺噻唑	2-(对氨基苯磺酰胺)-噻唑	消治龙
磺胺脒	N_1-脒基磺胺	磺胺胍
呋喃西林	5-硝基呋喃醛缩氨基脲	呋喃新
呋喃唑酮	3-[[(5-硝基-2-呋喃基)亚甲基]氨基]-2-噁唑烷酮	痢特灵
呋喃那斯	6-羟甲基-2-(-5-硝基-2-呋喃基乙烯基)吡啶	p-7138(实验名)

续表

药物名称	化学名称(组成)	别名
氯霉素(包括其盐、酯及制剂)	由委内瑞拉链霉素生产或合成法制成	
红霉素	属微生物合成,是 *Streptomyces erythreus* 生产的抗生素	
杆菌肽锌	由枯草杆菌 *Bacillus subtilis* 或 *B. leicheniformis* 所产生的抗生素,为一含有噻唑环的多肽化合物	枯草菌肽
泰乐菌素	*S. fradiae* 所产生的抗生素	
环丙沙星	为合成的第三代喹诺酮类抗菌药,常用盐酸盐水合物	环丙氟哌酸
阿伏帕星		阿伏霉素
喹乙醇	喹乙醇	喹酰胺醇羟乙喹氧
速达肥	5-苯硫基-2-苯并咪唑	苯硫哒唑氨甲基甲酯
己烯雌酚(包括雌二醇等其他类似合成等雌性激素)	人工合成的非甾体雌激素	乙烯雌酚,人造求偶素
甲基睾丸酮(包括丙酸睾丸素、去氢甲睾酮以及同化物等雄性激素)	睾丸素 C_{17} 的甲基衍生物	甲睾酮甲基睾酮

五、渔药残留限量

泥鳅、黄鳝上市前，应有相应的休药期。休药期的长短，应确保上市水产品的药物残留限量符合 NY 5070—2002 要求，见表 5-3。

六、饲料中禁止使用的药物

泥鳅、黄鳝饲料中药物的添加应符合 NY 5072—2002 要求，不得选用国家规定禁止使用的药物或添加剂，也不得在饲料中长期添加抗菌药物（表 5-4）。

表 5-3　渔药残留限量

药物类别		药物名称	指标(MRL)/(微克/千克)
抗生素类	四环素类	金霉素	100
		土霉素	100
		四环素	100
	氯霉素类	氯霉素	不得检出
磺胺类及增效剂		磺胺嘧啶	100 (以总量计)
		磺胺甲基嘧啶	
		磺胺二甲基嘧啶	
		磺胺甲苄唑	
		甲氧苄啶	50
喹诺酮类		噁喹酸	300
硝基呋喃类		呋喃唑酮	不得检出
其他		己烯雌酚	不得检出
		喹乙醇	不得检出

表 5-4　饲料中禁止使用的药物

药品类别	药物名称
肾上腺素受体激动剂	盐酸克仑特罗、沙丁胺醇、硫酸沙丁胺醇、莱克多巴胺、盐酸多巴胺、西马特罗、硫酸特布他林
性激素	己烯雌酚、雌二醇、戊酸雌二醇、苯甲酸雌二醇、氯烯雌醚、炔诺醇、炔诺醚、醋酸氯地孕酮、左炔诺孕酮、炔诺酮、绒毛膜促性腺激素(绒促性素)、促卵泡生长激素(尿促性素主要含卵泡刺激FSHT和黄体生成素LH)
蛋白同化激素	碘化酪蛋白、苯丙酸诺龙及苯丙酸诺龙注射液
精神药品	(盐酸)氯丙嗪、盐酸异丙嗪、安定(地西泮)、苯巴比妥、苯巴比妥钠、巴比妥、异戊巴比妥、异戊巴比妥钠、利血平、艾司唑仑、甲丙氨酯、咪达唑仑、硝西泮、奥沙西泮、匹莫林、三唑仑、唑吡旦、国家管制的其他精神药品
各种抗生素滤渣	

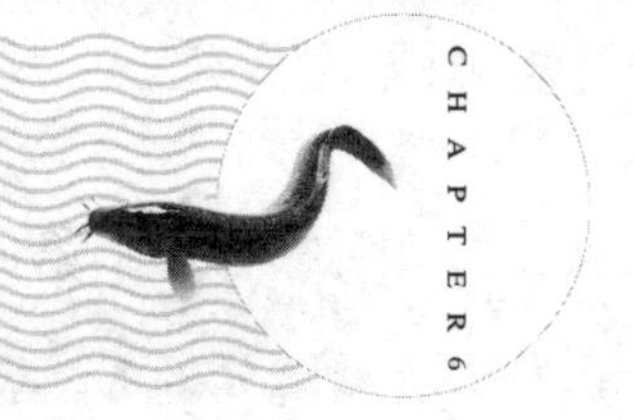

第六章

泥鳅、黄鳝的科学加工储藏技术

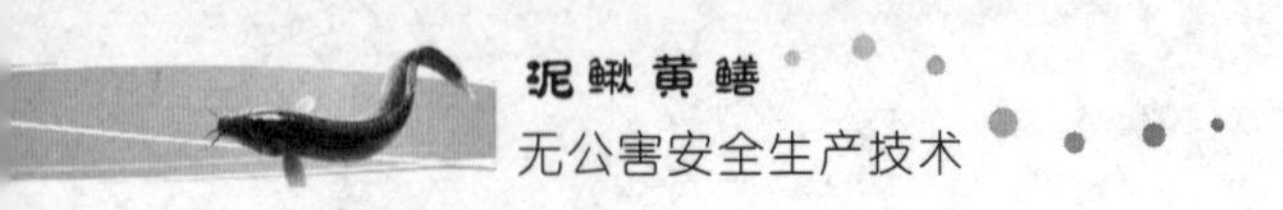

第一节 泥鳅的加工

泥鳅不仅美味可口，而且营养丰富，被人们称为“活人参”。泥鳅是一种高蛋白质低脂肪的食品，并且含有多种维生素和矿物质。泥鳅性平味甘，补肝脾，利水湿，祛邪而不伤正。泥鳅制品对消退黄疸、降转氨酶、恢复肝功能都有较好的疗效。因此，开发研究泥鳅的综合加工，不仅可以充分利用这一淡水鱼资源，而且可以生产一种较好的保健、休闲、旅游食品。

一、泥鳅鱼干加工工艺

1. 工艺流程

原料处理→开片→检片→漂洗→沥水→调味→摊片→烘干→揭片（生干片）→烘烤→碾压拉松→检验→称量→包装（成品）

2. 调味液制备

调味液的配方为：水 100 克、白糖 80 克、精盐 20 克、料酒 20 克、味精 15 克。

3. 制作要点

（1）原料选用　应选用新鲜或冷冻的泥鳅，要求鱼体完整，气味、色泽正常，肉质紧而有弹性。

（2）原料处理　先用刀切去鱼体上的鳍，沿胸鳍根部切去头部，然后自胸部切口拉出内脏，接着去鳃、开腹、去内脏，再用毛刷洗刷腹腔，去除血污。

（3）开片　开片刀用扁薄狭长的尖刀，刀口锋利，一般由头肩部下刀连皮开下薄片，沿背脊排骨刺上层开片（腹部肉不开，肉片厚 2 毫米）。

（4）检片　将开片时带有的大骨刺、红肉、黑膜、杂质等检

出，保持鱼片洁净。

（5）漂洗　漂洗槽灌满自来水，倒入鱼片，用空气压缩机通气使其激烈翻滚，洗净血污，漂洗的鱼片洁白有光，肉质较好。然后捞出沥水。

（6）调味　配制好调味液后，将漂洗沥水后的鱼片放入调味液中腌渍。以鱼片 100 千克，加入调味液 15 升为宜。加入调味液腌渍渗透时间为 30～60 分钟，并常翻拌，调味温度为 15～20℃。

（7）摊片　将调味腌渍后的鱼片摊在烘帘或尼龙网上，摆放时，片与片之间要紧密，片张要整齐抹平，再摆放鱼片（大小片及碎片配合），如鱼片 3～4 片相接，鱼肉纤维纹要基本相似，使鱼片平整美观。

（8）烘干　采用烘道热风干燥，烘干时鱼片温度以不高于 35℃为宜，烘至半干时将其移至烘道外，停放 2 小时左右，使鱼片内部水分自然向外扩散后再移入烘道中干燥达规定要求。

（9）揭片　将烘干的鱼片从网片上揭下，即得生鱼片。

（10）烘烤　将生鱼片的鱼皮部朝下摊放在烘烤机传送带上，经 1～2 分钟烘烤，温度 180℃为宜，注意烘烤前将生干片喷洒适量的水，以防鱼片烤焦。

（11）碾压拉松　烘烤后的鱼片经碾片机碾压拉松即得熟鱼片，碾压时要在鱼肉纤维的垂直方向（即横向碾压才可拉松），一般需经二次拉松，使鱼片肌肉纤维组织疏松均匀，面积延伸增大。

（12）检验、称量、包装　将拉松后的调味鱼干片，人工揭去鱼皮，检出剩留骨刺（细骨已脆可不除），再进行称量、包装。每袋净装鱼片 8 克，采用清洁、透明聚乙烯或聚丙烯复合薄膜塑料袋进行包装。

二、泥鳅软罐头加工工艺

1．工艺流程

原料验收→处理→制汤→蒸制→调味→装袋→杀菌→保温→检验→速冻→包装→成品

2. 调味液制备

调味液配方：鲜活泥鳅30克、生鲜姜0.3克、葱0.5克、鸡油0.2克、枸杞豆腐（制法略）62克、味精0.2克、盐1克、胡椒粉0.2克、胡萝卜0.1克、鸡蛋20克、香料0.3克、雪莲花0.2克。

3. 操作要点

（1）原料处理　从市场上购回泥鳅后，分池喂养（以免大鱼吃小鱼）。泥鳅在使用前3～4天不投饲，使泥鳅吐出泥沙等污物，在这期间应每天换水一次。将10克以下的泥鳅单独挑出。排出污物后的泥鳅以400克/千克的比例喂食鲜鸡蛋，直到泥鳅腹部隐约可见食下蛋黄的黄色时，停止进食，利用余下的蛋黄将泥鳅表面的黏液清洗干净。

（2）制汤　对10克以下的泥鳅用专用工具去头、去内脏，用流动水洗净血和污物。以泥鳅与水的质量比为0.5∶10熬制鲜汤。

（3）蒸制　将特制蒸锅置于微火上，加鲜汤，将豆腐切成100毫米×75毫米×40毫米的长方形块，和泥鳅一同放入锅内（锅中每格放豆腐一块，泥鳅200克约10尾），放入香辛料包。加盖，缓缓升温，随着温度的上升，泥鳅钻入温度略低的豆腐里，最后整个鳅体完全藏入豆腐中，等汤烧沸后再炖20分钟，至豆腐起孔时，加入盐、味精、鸡油，炖1～2分钟。

（4）调味　将葱、鲜生姜切末，胡萝卜雕花。炖好的豆腐小心捞出，放入保鲜盒内，浇入适量汤汁，把葱姜末、胡椒粉撒在豆腐上，胡萝卜花嵌在豆腐中央。

（5）杀菌　加热分装好的保鲜盒至75℃，保温30分钟。

（6）包装　速冻成形后真空包装。

三、泥鳅加工产业发展过程中存在的问题

1. 养殖技术逐渐成熟，产业规模逐渐形成

虽然对泥鳅的利用较早，但以往主要依靠野外捕获，并未形成

真正的产业。随着市场需求的不断增加，20 世纪 90 年代泥鳅人工养殖逐渐兴起，并形成了稻田养殖、池塘养殖等多种养殖模式。在科技工作者的努力下，泥鳅养殖逐步解决了苗种繁育、高效无公害养殖、病害防治等技术难题，使每亩泥鳅专养池塘产量达 2000 千克以上。目前，江苏、湖北、四川、安徽、山东等省已形成了大规模的泥鳅养殖基地，产量逐年增加，仅江苏省 2007 年产量就近 2 万吨，泥鳅已由一个野生品种逐渐发展成为一个新兴的特色水产品种。对于日益壮大的泥鳅养殖业，如何消化持续增加的产量成为产业进一步发展所面临的问题。

(1) 出口基地形成，国际市场依赖程度加大　得益于韩、日等国对泥鳅需求的增加，泥鳅已成为出口创汇的特色水产品之一，大规模泥鳅出口基地逐渐形成。以江苏省连云港为例，2017 年上半年该市出口泥鳅 2636.5 吨，与去年同期相比增长 11.1%，出口量稳居全国首位，出口量占据韩国鲜活泥鳅市场的 90%，成为我国主要的泥鳅出口基地。大规模出口基地的形成有利于泥鳅产业的进一步发展与壮大，但也带来国际市场依赖程度过大的问题，金融危机、贸易壁垒对于泥鳅产业产生极大的冲击。

(2) 精深加工发展缓慢，产业链有待完善　加工业薄弱一直以来是我国水产业发展亟须解决的问题，泥鳅产业也不例外。目前，无论内销还是外销，鲜活泥鳅仍为唯一模式，泥鳅产业仅有养殖与流通两个环节，加工业几乎为空白，产业风险极大。养殖规模的扩大、产量的提高已为加工业的兴起奠定必要的基础，国际市场的剧烈波动更是要求开发新产品、开辟新市场来规避风险。同时，生活节奏的加快、保健意识的增强也使得消费者对于泥鳅产品提出了更高的要求。泥鳅产业亟须发展加工业来完善产业链。

2. 泥鳅深加工发展展望

泥鳅产业不能简单地按照大宗水产品加工业模式发展。同为特色水产品的小龙虾的成功经验可为泥鳅加工业给予启示。小龙虾被引入我国后也经历了由野外捕获到人工养殖的过程，并逐步发展成为一个年产值近百亿的特色水产产业，其产业高速发展与加工业的带动密不可分。对比于小龙虾，泥鳅在营养与保健方面的功效更具历史积淀，泥鳅加工业的发展应抓住这一优势进行。据此笔者所带领的课题组开展了泥鳅方便食品与保健产品开发的相关研究，并对泥鳅加工业提出如下发展建议。

（1）利用营养与风味优势，开发泥鳅系列方便食品　我国有着极为丰富的饮食文化，开发了诸如红烧泥鳅、干煸泥鳅、酱泥鳅、泥鳅钻豆腐、泥鳅汤等营养丰富、口味独特的泥鳅菜肴，拥有广大的消费群体。对于这一资源，一方面，可学习小龙虾的成功经验，通过建立以泥鳅为主题的连锁经营餐饮业进行推广；另一方面，将泥鳅菜肴的加工过程标准化，并结合速冻、膨化等现代食品加工工艺，开发成泥鳅系列方便食品。在工艺研究的基础上，提升泥鳅方便食品品质是进一步研究的重点。本课题组应用GC-MS等现代风味分析方法对泥鳅的呈味成分进行分析研究，利用现代分子生物学技术解决产品脱腥问题，提高风味品质，通过质构分析对泥鳅产品品质进行研究并改良，目前已取得良好效果。同时，借鉴罗非鱼加工业的成功经验，对泥鳅加工中产生的下脚料进行综合利用，开发鱼油、骨粉等副产物。随着现代社会生活节奏的加快，泥鳅方便食品将会拥有广阔的市场前景，成为加工业的主体。

（2）充分发掘泥鳅活性成分，开发泥鳅保健产品　泥鳅的保健功效被中国、韩国、日本等国的消费者广泛认可，拥有良好的市场基础。泥鳅活性成分的开发利用也是泥鳅精深加工研究的重要方向。目前，科研工作者已对泥鳅多糖、凝集素、抗菌肽、透明质酸等活性物质进行研究，为泥鳅保健产品的开发奠定了理论基础。泥鳅的蛋白质含量高，水解物中含有丰富的活性多肽，同时呈味氨基酸显著。针对这一特点，对泥鳅蛋白质资源进行深度开发可作为下一步活性物质研究的重点。目前本课题组已在泥鳅降血压肽、抗氧化肽等活性多肽的相关研究中取得进展，并利用冷冻干燥、生物酶解、膜分离等现代技术对泥鳅活性物质进行提取纯化，开发冻干粉、口服液等保健产品。高附加值的泥鳅保健产品直接针对高端市场，量虽小，但可极大提升泥鳅的产品形象，与泥鳅方便食品相辅相成，构成泥鳅加工业的另一组成部分。泥鳅产业经过前期的积累，已形成了一定的产业规模，初步完成产业聚集。在新的发展阶段，借鉴特色水产品的成功经验，加强精深加工相关的技术储备，依照市场规律发展加工业，将是泥鳅产业不断壮大的关键。

第二节 黄鳝的加工

黄鳝肉味鲜美，是一种高蛋白质、低脂肪食品，是中老年人理想的营养滋补品。黄鳝不但有很高的食用价值，还具有药用价值。黄鳝肉味甘、性温，无毒，入肝、脾、肾经，补虚损，除风湿，通经脉，强筋骨，主治痨伤、风寒湿痹、产后淋漓、下痢脓血、痔瘘。特别是近几年来，黄鳝养殖生产迅速发展，生产数量比较大，黄鳝的加工和开发利用，正日益受到重视。

一、黄鳝冷冻加工

黄鳝捕获季节主要集中在5～7月，为调节淡旺季及满足市场供应需要，黄鳝除鲜活供应外，还可以将活鳝剖杀，加工成方便实惠的半制品，如冻筒鳝、冻段鳝、冻鳝丝、冻鳝片等冷冻小包装。

1. 冻鳝片

（1）选料　挑选条重在25克以上体色为灰黄色的活鳝，剔除灰褐色的黄鳝。

（2）清污　将挑好的黄鳝集中于水桶或水泥池内，让其自由游动，并勤换清水，以清除表面污物和鳃内泥沙，时间1天以上。

（3）冲洗　将清污后的活黄鳝置于干净的箩筐内，用清水进行冲洗，洗掉黄鳝身上的附着物。同时，将加工鳝鱼片的台面、剖凳、刀具等洗刷干净，并用0.25％漂白粉溶液作消毒处理。

(4) 剖杀　先将活鳝摔昏，然后左手压住鳝头，右手将刀从黄鳝颈部斜切至三角形脊骨的一侧，并沿着这一侧，将刀从头拉划至鳝尾；这样，三侧共拉划3刀，将黄鳝划成3片。

(5) 去废　清除鳝片中内脏等废物，并将头、尾和脊骨一起丢弃。

(6) 沥血　将剖好的鳝片放入干净的容器内，让其自然沥去大部分血水。沥血的时间一般为15～30分钟。

(7) 称重　将沥去血水的鳝片过磅秤重，每份按规定的重量分开。一般每份重量为453克。

(8) 装盘　将鳝片平铺在冻盘内。冻盘的规格，通常为180毫米×90毫米×30毫米。平铺时，冻盘底部的鳝片背朝下，上部的鳝片背朝上，并摆放整齐。

(9) 冻结　将装好鳝片的冻盘及时送进温度－25℃以下的冻结间，使鳝片中心温度在24小时内降至－15℃以下。采用平板冻结机或速冻柜冻结，可以大大加快冷冻速度，使鳝片中心的温度在4～12小时内达到－15℃以下，从而有效提高产品质量。鳝片经冻结后，即为冻鳝片产品。

(10) 包装　将冻结的鳝片从冻结间或速冻柜中取出，带冰脱盘，检验合格后，装入塑料包装袋，用封口机封口，再按额定数量装入纸箱中，贴上商标，即可销售。

冻鳝片经冻结、包装后，如不立即销售，就应迅速存进－18℃以下的冷藏库中储藏，其库温上下波动不超过1℃，相对湿度为90%～95%，储存期不超过10个月。如销往外地，应用冷藏车运输。在销售时，也应放在冷藏箱、冷藏柜里。

2. 冷冻鳝丝

(1) 原料选择　要求无污染，鲜活黄鳝，规格为条重25克左右。杜绝收购病、坏、死黄鳝。收购来的黄鳝须经过1天的暂养，以清除泥沙及表面污物。

(2) 预煮　将暂养后的黄鳝放在预煮锅里预煮，便于刮丝。预煮温度要求控制在100℃，时间为3分钟，不得超过5分钟。

(3) 刮丝　将预煮后的黄鳝进行刮丝，先用铁钉将黄鳝头固定，用刀从其颈脊椎骨开始划拉至尾部进行刮丝，使鳝丝从鳝体刮下，一般条重25克左右的黄鳝可刮丝4～5条，鳝丝宽约5毫米。余下的鳝头、鳝骨和鳝尾则完整地连成一体。鳝头、鳝骨、鳝尾和内脏等下脚料可进行综合利用，如加工成鱼粉或直接投喂给一些鱼类食用，这样既可节省成本，又不污染环境。

(4) 漂洗、沥水　将刮下的鳝丝用清水进行漂洗，除去杂物，漂洗用水最好能保持在10℃以下，漂洗后将水沥干，以便称重、理鱼装盘。

(5) 称重、装盘　用磅秤称重，每份250克，用冻鱼盘盛装。刮丝、漂洗、称重、装盘这几道加工工序均在操作室中进行，操作室温度应控制在20℃以下，每预煮一批加工时间不得超过30分钟。操作室温度过高、操作时间过长会促进产品微生物生长，容易使产品变质。

(6) 冻结　将经过前处理的黄鳝丝送到速冻室中进行冻结，在20小时内使物品中心温度达到或低于－18℃，以阻碍微生物的生命活动；同时，由于低温，大大减缓了鱼体的生化反应，从而使黄鳝丝得以长期保存。

(7) 脱盘、镀冰衣　黄鳝丝经过冻结加工，就应立即出冻，将盘浸泡在水里，使冻黄鳝丝与盘肉壁脱离，即可倒出（脱盘）。为了在储藏过程中保护冻黄鳝丝的表面，防止水分的蒸发（减少分量、产生干耗），以及抑制脂肪、色素等成分的氧化，需对黄鳝丝进行镀冰衣的操作。将物品温度达到－18℃以下的鳝丝于1～3℃的冷水中浸泡5～10秒，即可在黄鳝丝的表面均匀镀上一层冰衣。

(8) 包装、冷藏　将镀冰衣后的鳝丝采用聚乙烯或聚氯乙烯复合立袋进行包装，并用外纸箱打包，每箱40袋。如不急着出厂，暂时储存于冷藏库中，冷藏库温度应保持在－18℃以下，储存期不得超过6个月。黄鳝丝出厂后销往市场供应，消费者进行充分加热调味后即可食用。

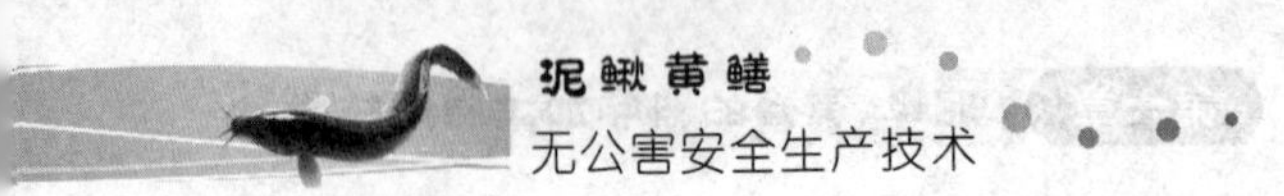

二、黄鳝熟食品加工

目前，黄鳝熟食品加工主要还是采用传统的罐藏加工、熏制加工、烘烤加工等方法。

(一) 汤汁黄鳝罐头加工工艺

1. 工艺流程

选料→宰杀→宰后检验→加工→装罐→排气→杀菌→检验

2. 制作要点

(1) 选料　选择体重100克左右、无病健壮的黄鳝作原料，并注意剔除那些体态瘦小、体表有毛霉等外伤的种类。然后用清水反复冲洗，去除体表污物。

(2) 宰杀　用不锈钢制成的扁形斜口划刀，宰杀黄鳝时，将鱼头朝左、腹向外、背向里放在木板上，用左手大拇指、食指和中指捏着颈部，撬开一个可见到鱼骨的缺口，右手将刀竖直，从缺口处插入脊骨肉中，刀尖不穿透鱼肉，从头部划到尾部，把鱼体翻身，用划刀再次贴紧鱼插入，划下整个脊肉。

(3) 宰后检验　将黄鳝破腹后，如发现肠内有毛细线虫，鱼体必须销毁，检验无病虫的鱼肉经清洗后再行加工。

(4) 加工　将选好的鳝肉洗净，切成长10～15厘米、宽0.5厘米左右的细长扁条，一般只取中段鳝肉，头、尾、骨制作汤汁。将切好的肉按每100千克配以猪油2千克、蒜末1.2千克、料酒1千克。先将猪油放入锅内烧热，然后放入切好的鳝肉快速翻炒，加蒜末、料酒，待炒至七八成熟时，立即起锅，再上笼蒸10～15分钟，即可出笼。

配制汤汁方法：先投入宰杀分割好的鳝头、尾、骨，加入适量猪油、精盐及适量的水熬煮，至汤汁色浓味鲜时，再加入少量精淀粉，搅拌成薄质胶体状。

(5) 装罐　将加工好的鳝肉，称重270～280克，搭配均匀，装入罐中后，加入适量汤汁。

（6）排气　在82℃条件下，排气10分钟。

（7）杀菌　杀菌公式：10分钟—60分钟—15分钟/121℃。冷却后取出。冷却后堆放时罐盖向下。

（8）检验　在包装出厂前再严格检查，注意去除排气密封效果不好的罐头。装箱，保温5～7天，检验合格后方可出厂。

（二）黄鳝肉丝软罐头加工工艺

1. 工艺流程

原料验收→原料处理→盐渍→油炸→切丝→装袋→封口→杀菌→保温检验

2. 调味液制备

调味液配方为大蒜250克，黄酒1.4千克，精盐3.5千克，味精220克，生姜300克，琼胶80克，洋葱250克，酱油15千克，酱色60克，白砂糖6千克，清水85升。配制方法是将大蒜、生姜、洋葱洗净和捶烂后装入纱布包内，扎牢袋口入夹层锅中煮沸，保持微沸20分钟，将香料包捞出。加入白砂糖、味精、酱油、酱色、琼胶，加热搅拌溶解，煮沸后关闭蒸汽，加入黄酒，过滤备用。控制出锅量为100千克（蒸发水用开水补足），冷却至40℃以下备用。

3. 操作要点

（1）原料验收　选用鲜活或冷冻的重150克以上的黄鳝，其卫生质量应符合GB 2736—1994《淡水鱼卫生标准》之有关规定。

（2）原料处理　活鳝应暂养1天，待其吐尽鳃内泥沙及污物后，将鱼摔昏或用电击昏，清洗干净的冷冻鳝用流水解冻，清洗；将洗净的黄鳝用铁钉钉在木板上（背部朝上），用钝角三角形刀从鳃后割开，沿脊椎骨剔除内脏，斩去头和尾，清水洗净鳝片上的血污和杂质；将洗净的鳝片切成长6厘米左右的鳝鱼段，按鳝鱼段大小、厚薄分开放置。

（3）盐渍　将鳝段和盐按1∶1放入10波美度盐水中盐渍，盐水可连续使用，每次补加浓盐水至规定浓度盐渍10～12分钟。盐渍时间应根据鳝段大小、气温以及冻、鲜鳝原料区别作适当调整。盐渍后，用清水冲洗一遍，沥干待炸。

（4）油炸　盐渍后的鳝段充分沥水后放入180～200℃油中炸2～4分钟。油炸时应轻轻翻动，以使油炸后的鳝段老嫩均匀、色泽一致。表面呈金红色时，即可捞出沥油冷却，控制脱水率在35%～40%。

（5）切丝　将油炸后的鳝鱼段切成长6厘米、宽3毫米的鳝丝。

选用健康猪的背脊肉或精瘦肉，切成与鳝丝同样规格的肉丝，用花生油炸熟，备用。

（6）装袋　采用三层复合袋（PET/AL/CPP）包装，称取鳝丝80克、猪肉丝60克，加入调味液40克（每袋净含量为180克）。

（7）封口、杀菌　真空包装时真空度控制在0.088～0.093兆帕。杀菌公式15分钟—35分钟—15分钟/121℃，反压：0.16兆帕。

（8）保温检验　擦干罐体表面，存放于（37±2）℃保温室内保温7天，剔除不合格品，成品装箱入库储存。

（三）黄鳝脆丝加工工艺

1. 工艺流程

原料收购→蓄养→漂烫→清洗冷却→三刀划丝→除腥→流动水冲洗→入定量模具→低强度温控油炸→离心脱油→冷却→真空包装

2. 操作要点

（1）原料收购　采用的黄鳝要求规格齐整、活力好，大小控制在35～40尾/千克，品质与药残符合《无公害食品　黄鳝》（NY 5168—2002）的具体要求，坚决不收病鳝、死鳝。

（2）蓄养　蓄养时间应在24小时以上，烫杀前应有专人品尝，如仍有泥腥味，应继续暂养，直至泥腥味消失为止。暂养水最好用深井水，避免自来水中的氯对黄鳝的影响，温度在10～25℃为好。

暂养水要定时更换，保持水质清新，溶解氧丰富。

（3）漂烫　对于暂养好的黄鳝，可用三角抄网将黄鳝捞出，放入夹层锅，夹层锅内的沸水与黄鳝比例为 2：1。浸烫过程中应不断用专用工具搅动，使黄鳝机体受热均匀，水温控制在 80～90℃，至黄鳝表皮稍有破裂、肌体微微弯曲为宜。整个过程需 3～5 分钟。烫杀过程老嫩要适中，过老过嫩都会影响后道工序的划丝质量，使鳝骨易断，影响产品得率。

（4）清洗冷却　将烫杀好的黄鳝及时捞出，放入清水中用冷水冷却清洗 10 分钟，洗去表面的黏液与杂质，待黄鳝表面温度降到 35～45℃时捞出，放入工作台进行剔骨划丝处理。

（5）三刀划丝　划丝过程需三刀，传统称“三刀划丝”，第一刀沿黄鳝喉骨处下刀，将腹部肌肉与身体分开，并将和腹部肌肉上结合在一起的内脏与凝结的血块清除干净；第二、三刀紧挨背部头下方下刀，刀面贴紧鳝骨，分两刀将背部肌肉剔除干净。

（6）除腥　分离出的肌肉组织及时放入 1%柠檬酸与 1.5%食盐混合溶液中进行除腥与脱血处理 30 分钟。

（7）流动水冲洗　捞出后用流动清水冲洗干净并沥干。

（8）入定量模具　沥干水分的新鲜鳝丝放入特制的不锈钢模具内定量定型。

（9）低强度温控油炸　待油温达到 160℃下锅进行油炸脱水处理，这一过程是整个生产过程的质量关键控制点，通过油炸使制品成熟，杀灭细菌微生物，脱去产品中大部分水分，赋予成品诱人的芳香气味，中心温度维持在 150～155℃，5～6 分钟鳝肉呈暗黄色起锅为好。

（10）冷却　将油炸好的鳝丝放入无菌室内风冷至脆丝温度在 35℃以下。

（11）真空包装　选用密封性好、透气率低、耐温及热性能好、强度高的（聚丙烯/铝箔/聚酯，PET/AL/CPP）复合袋进行真空包装，复合袋的尺寸为 13 厘米×18 厘米，每袋鳝丝 100 克，真空度控制在 0.05～0.08 兆帕，封口要求严密整齐，尽量避免袋口的

污染，注意调节封口温度与时间。包装好后，利用微波杀菌4～5分钟，内容物中心温度达到120℃即可。

(四) 黄鳝熏制品加工工艺

1. 工艺流程

原料验收→整理、挤血→腌制→干燥熏烟→包装→成品

2. 操作要点

(1) 整理、挤血　取出黄鳝的骨头及内脏（即整理）。将整理好的黄鳝进行冷冻，然后挤血。根据原料黄鳝1000克的重量，加入食盐3克和硝石0.5克，并均匀地撒布在黄鳝上，然后放在倾斜的台子上，再在其上压一块重石，以挤出血水。在2℃的冷库中放置一昼夜。

(2) 腌制　把1000克已挤完血水的黄鳝放在干净的容器内堆积起来（黄鳝的皮部朝下），鱼肉朝上，然后在其上放一木框，用重石压住。往容器内倒8千克混合溶液（按食盐1.5份，硝石0.05份，亚硫酸钠0.2份，砂糖5份，香料0.5份的比例）进行腌制。3天后上下层调整一次，即整理黄鳝的表面形状。

(3) 干燥熏烟　把整理好的黄鳝排列整齐送入30℃左右的熏烟室干燥2天，用火将黄鳝表面烤到稍微紧张状态后，采用温度为15℃的冷熏法熏烟3天。

(4) 包装　黄鳝熏烟完毕后就在常温下冷却，然后送入5℃的冷库内，完全冷却后，就可整理鱼的表面，然后进行包装。

(五) 即食孜然鳝肉干加工工艺

黄鳝全身除一条脊椎骨外，无其他骨刺，是非常适合加工的一种鱼类。即食孜然鳝肉干是以鲜黄鳝为原料，摒弃了传统加工的油炸工序，以更科学、健康的加工方式生产的即食深加工产品。产品味道鲜美、营养丰富、携带方便，可供人们日常佐餐、学生补充营养，也是人们旅游休闲食用的佳品。

1. 原料、辅料的选用及质量要求

原料选用无公害养殖技术养殖的黄鳝，符合GB 2736—1994

《淡水鱼卫生标准》，要求黄鳝鲜活、体态完整、规格均匀；加工用水应符合 GB 5749—2006《生活饮用水卫生标准》；其余辅料（如食盐、白糖等）应选用质量管理体系通过国际标准 ISO 9001 认证或者是有质量安全标识的规范产品。

2. 工艺流程

原料处理→剖片→切条→腌渍→漂洗→烘干→称重→卤煮→烘烤→检验→装袋封口→成品储藏

3. 操作要点

(1) 原料处理 暂养黄鳝于清水中 2～3 天，勤换水，以便黄鳝排净污物。

(2) 剖片 用专用黄鳝剔骨刀将黄鳝去内脏、骨及头后，洗净血污，分离鳝腹肉与鳝背肉。

(3) 切条 将鳝腹肉和鳝背肉切成统一规格的鳝条，鳝条长 4 厘米、宽 0.8 厘米。

(4) 腌渍 将规格统一的鳝条用浓度为 10% 的食盐水浸泡，时间 30 分钟。保持食盐水温度≤10℃。

(5) 漂洗 用清水将腌渍后的鳝条漂洗干净，至无血水浸出。漂洗工序至关重要，腌渍后肉质收紧，血水浸出，漂洗后可提高制成品品质。

(6) 烘干 将鳝条均匀铺摊在烘盘上，放入烘箱内烘干。烘箱内温度 70℃，时间 4.5 小时。

(7) 称重 将烘干的鳝条称重，以便确定卤液量。

(8) 卤煮 水 1 升、胡椒 30 克、鲜姜 10 克、橘皮 10 克、橘皮干 5 克、干辣椒 15 克、八角 10 克、花椒 5 克、甘草 10 克、洋葱 20 克、蒜头 10 克。用电煮锅将所有材料煮沸后，调低功率至 100 瓦（可根据设备不同灵活调控），使锅中水呈微沸腾状态，持续 35～40 分钟。捞出卤料渣，滤出卤液即可。将 1000 克烘干后的鳝条倒入卤液里，再加入盐 30 克、白糖 50 克、味精 10 克、料酒 30 毫升、醋 30 毫升、老抽 100 毫升。将卤液煮沸后调低功率，使卤液呈微沸腾状态，持续1～1.5小时，捞出鳝条，沥干水分。

(9) 烘烤　将卤煮好沥干的鳝条拌入孜然粉，均匀地铺放在烘盘上，放入烘箱，待烘箱温度升至120℃时关机，至冷却取出。

(10) 检验

① 感官指标：制成品肉质呈深褐色、孜然粉浅绿色，肉质柔韧味鲜，孜然香味浓郁。

② 水分含量：水分含量为16%。

③ 微生物指标：致病菌不得检出。

(11) 装袋封口　采用聚乙烯或聚丙烯复合薄膜袋包装（重量自定)，真空封口。

(12) 成品储藏　成品装箱，置于清洁、干燥、阴凉通风处储藏，常温下保质期约3个月，0℃冷藏时保质期约6个月。

第三节　加工储藏的卫生要求

一、冷冻储藏的卫生要求

(1) 要求原料鱼必须新鲜，冻结前进行适当的挑拣，根据其清洁程度以低于20℃的水冲洗或漂洗，除去体表的污物、黏液和杂草等。

(2) 冻结温度为－28～－25℃，冰鱼的中心温度为－15～－12℃。冻结时间不超过18小时。

(3) 冻结后，应使冻鱼周围包有冰衣，以防氧化和大冰晶的形成。

(4) 严格控制冷库的温度、湿度和风速等条件，库温波动必须在3℃之内。相对湿度为75%～95%，自然风速为0.04～0.08米/秒。

（5）限制冷藏期为6个月。

二、盐腌储藏的卫生要求

为了使咸鱼保藏良好，必须注意原鱼的鲜度，不新鲜的鱼不能盐腌；原料鱼要除净内脏和鳃，洗净血污。不同品种的鱼要分别腌制；腌制时用盐要均匀，用具应清洁卫生；注意防晒，防雨；定期检查等。

三、干制储藏的卫生要求

为防止干鱼出现不良变化，应注意，在干制时要掌握好温度、湿度及卫生条件，干制后的干鱼应存放在清洁、干燥、避光、低温的条件下保藏，尽量减少光和热的影响，定期检查，尤其注意防潮。

CHAPTER 7

第七章

重金属含量检测与标准

重金属作为一种持久性污染物已越来越多地受到关注和重视，水产品重金属污染从世界范围来说是一个较普遍的食品安全问题，如加拿大、美国、日本都曾因河流被污染，大量鱼类、贝类的汞含量超过规定标准，此类问题给人类带来了严重危害。通常水产品中需要重点监测的重金属项目有无机砷、铅、镉、汞等，其中砷属于非金属，但常将其纳入重金属类加以考虑。

根据WTO关于货物贸易的多边协议《技术性贸易壁垒协议》（WTO/TBT）和《实施动植物卫生检疫措施协议》（WTO/SPS），进口国为保障本国人民的健康和安全，有权制定比国际标准更加严格的标准。国际上许多发达国家利用先进的技术设置了更高的技术壁垒，给我国的对外贸易造成了很大障碍。为了利用WTO/SPS—TBT协议合理形成我国的水产品技术壁垒措施体系，我们同时列出我国与国外水产品中重金属限量标准，使我国的水产品贸易适应国际贸易环境，保护我国水产业健康发展。

第一节 我国水产品中重金属限量标准情况

一、铅

铅是一种毒性很大的重金属，主要来源于工业废物、废水、开采矿产和生活垃圾、汽车尾气排放等。铅进入土壤生态系统后很难被降解，但是易被农作物吸收，进而通过食物链进入人体，对人的神经系统、消化系统、心血管系统、骨髓造血系统、免疫系统、肾脏等造成损伤。铅对人体健康的危害已引起各国政府与消费者的广泛关注，各国政府在制定食品中铅的限量标准时都采取从严的方法，以保护消费者的健康。目前我国铅的国家标准未区分淡水鱼和海水鱼，《食品中污染物限量》（GB 2762—2005，以下简称《限量》）规定，我国鱼类产品中铅含量不得超过0.5毫克/千克；《无公害食品水产品中有毒有害物质限量》（NY 5073—2006，以下简称《水产品限量》）亦规定我国鱼类和甲壳类铅的限量值为0.5毫克/千克，而贝类和头足类为1.0毫克/千克。

二、镉

镉是一种积累性的重金属，会对人的肾、肺、肝、大脑、骨骼和血液等产生毒性，具有致癌、致畸和致突变的严重危害，是仅次于黄曲霉毒素和砷的食品污染物。1984年联合国环境规划署提出的具有全球意义的12种危害物质中镉位列首位。镉与低分子蛋白质结合成金属蛋白，损害人的肾脏功能和肺部，导致肾皮质坏死、肺气肿，还可能引起心脏扩张和高血压、骨质疏松、脊柱畸形等。大多数无公害农产品都规定了镉的限量标准。《限量》规定我国鱼类产品中镉含量不得超过0.1毫克/千克；《水产品限量》规定鱼类产品镉含量亦不得超过0.1毫克/千克，甲壳类不得超过0.5毫克/千克，贝类、头足类不得超过1.0毫克/千克。

三、甲基汞

汞对人体的危害主要是累积于中枢神经系统、生殖系统、肝脏和肾脏等。大多数无公害农产品对汞有限量要求。汞主要容易在水产动物中富集，进入体内后形成毒性更强的甲基汞。甲基汞对于人类的风险在于它的生物致畸作用、免疫毒性，最重要的是它的神经毒性效应，长期食用汞含量高的食品易对人体特别是胎儿的神经系统造成极大损害。鱼被认为是人类汞暴露的主要来源，在水体中，各种形式的汞通过微生物作用转化为甲基汞。研究表明，鱼体内75%～95%的汞都是以甲基汞的形式存在，处于食物链高端的鱼体内含汞的浓度可能比其生活环境中的汞浓度高100万倍。有关国际组织和世界主要贸易国家为了维护消费者的健康，纷纷制定了鱼类中重金属的检测限量。《限量》规定所有水产品（不包括食肉鱼类）中甲基汞的限量值为0.5毫克/千克，食肉鱼类中甲基汞的限量值为1.0毫克/千克；《农产品安全质量无公害水产品安全要求》（GB 18406.4—2001）则规定我国总汞的限量值为0.3毫克/千克，其中甲基汞不得超过0.2毫克/千克。

四、无机砷

砷是对人体有毒害作用的致癌物质，可以通过呼吸道吸入、皮肤接触和饮食等途径进入人体，对人的皮肤、消化系统、泌尿系统、免疫功能、神经系统、心血管系统和呼吸系统等造成损伤，引发多器官的组织和功能发生异常改变，破坏人体正常的生理功能，抑制生化反应，引起细胞代谢紊乱，严重时还会导致癌变。三价无机砷有剧毒，五价砷的毒性低于三价砷，而有机砷的毒性较小，因而国际上对砷的卫生学评价均以无机砷为依据，砷及其化合物已被国际癌症机构（IARC）确认为致癌物。20世纪80年代，我国曾制定了海产食品中无机砷的卫生标准，杨惠芬等人通过研究调查证实，海产食品是含砷量最高的食品，样品中的砷主要以有机砷形式存在；淡水鱼中的砷以有机砷的形式存在；对我国108份甲壳类和贝类鲜制品测得的无机砷含量的均值为0.207毫克/千克，据此《限量》标准调整了我国以鲜重计的贝类、虾蟹类及其他水产食品标准限量值为0.5毫克/千克，鱼最高限量值为0.1毫克/千克，以干重计的贝类及虾蟹类为1.0毫克/千克。

五、铬

铬是人体必需的微量元素之一，是人体血糖的重要调节剂，是胰岛素不可缺少的辅助成分，参与糖代谢过程，促进脂肪和蛋白质的合成，可以有效控制糖尿病。三价铬离子对心血管疾病也有抑制作用，可以有效预防高血压、心脏病；而六价铬离子为吞入性或吸入性毒物，通过消化系统、呼吸道、皮肤和黏膜侵入人体，很容易被人体吸收，对呼吸系统和皮肤等组织造成损伤，同时六价铬离子具有致癌性，可能诱发基因突变造成遗传性基因缺陷。综合考虑以上因素，《食品安全国家标准　食品中污染物限量》（GB 2762—

2017）要求水产动物及其制品中铬限量指标为2.0毫克/千克。

六、镍

镍也是人体必需的微量元素之一，缺乏会导致人体新陈代谢失调，磷脂代谢异常，严重时还会引起肝硬化，甚至出现肾衰和尿毒症。镍及其盐类的毒性较低，但由于其本身具有生物化学活性，故能激活或抑制一系列的酶（精氨酸酶、羧化酶、酸性磷酸酶和脱羧酶）而发挥其毒性。摄入过量镍可引起接触性皮炎、中毒性类神经症、沙眼和慢性咽炎。直接进入血流的镍盐毒性较高，胶体镍或氯化镍毒性较大，可引起中枢性循环和呼吸紊乱，使心肌、脑、肺和肾出现水肿、出血和变性，甚至诱发癌变。油脂加氢是油脂加工业中的一个重要工序，通常采用镍作催化剂，催化气液固三相反应。《食品安全国家标准　食品中污染物限量》（GB 2762—2017）规定了油脂及制品（如氢化植物油及氢化植物油为主的产品）的镍限量指标为1.0毫克/千克。

第二节 国外水产品中重金属限量标准情况

一、铅

在2001年第33届食品添加剂和污染物法典委员会（CCFAC）大会上，发达国家提出制定海鱼的铅限量标准，随后在34届、35届会议上再次提出制定此标准，并根据发达国家监测的数据提出铅的限量值为0.2毫克/千克。食品添加剂联合专家委员会（JECFA）曾多次对其评价，2004年联合国粮农组织/世界卫生组织（FAO/WHO）、JECFA限定铅的每周耐受摄入量（PTWI）为0.025毫克/千克体重。按体重60千克/人计，相当于每人每日的耐受摄入量为 0.2143 毫克（PTWI/7×60），CCFAC 据此相应下调了限量标准。目前 CCFAC 制定的铅限量标准中存在争议较大的是鱼类 0.2 毫克/千克的限量，在制定法典标准时，有的国家认为有的鱼类品种的铅含量超过了此限量值，有的成员国代表建议考虑定为 0.5 毫克/千克。欧盟 2006 年颁布的委员会条例［（EC）No1881/2006］制定了食品中某些污染物的最高限量［废止了委员会条例（EC）No466/2001］，详细规定了欧盟水产品中铅、镉、汞、锡重金属的限量。2008 年欧盟委员会条例（EC）No629/2008 对委员会条例（EC）No1881/2006 进行了修订，调整了铅、镉、汞、锡重金属在各类食品中的含量，尤其对在水产品中的含量作了较大调整。欧盟限定鱼肉中铅限量为 0.3 毫克/千克，甲壳类（不包括褐色蟹肉、龙虾及类似大甲壳类的头和胸腔肉）为 0.5 毫克/千克，双壳软体动物为 1.5 毫克/千克，无内脏的头足类动物为 1.0 毫克/千克。国际食品法典委员会（CAC）发布的食品中污染物和毒素通用标准 CODEXSTAN193—1995（2007 年修订版）规定了食品中重金属的通用限量标准，其中规定鱼中铅最高限量为 0.3 毫克/千克；美国规定甲壳类和双壳软体类食品中铅限量分别为 1.5 毫克/千克和 1.7 毫克/千克；韩国规定鱼类食品中铅限量为 2.0 毫克/千克。

二、镉

JECFA 曾多次对食品中的镉进行评价，2000 年 JECFA 评价 PTWI 仍然维持为 0.007 毫克/千克体重。CCFAC 据此提出限量指导值。按人体重 60 千克计，每人每周镉允许摄入量为 420 克，每人每日镉允许摄入量为 60 克，按每天摄入 300 克水产品计算，安全限量为 0.2 毫克/千克。2004 年，FAO/WHO 限定镉的 PTWI 亦为 0.007 毫克/千克体重。欧盟规定鱼肉（不包括鲣鱼、双带重牙鲷鱼、鳗鱼、灰鲻鱼、鲭鱼或竹荚鱼、鲯鳅鱼、沙丁鱼、拟沙丁鱼、金枪鱼、鲽鱼、圆花鲣、凤尾鱼、旗鱼）中镉限量为 0.05 毫克/千克；甲壳类（不包括褐色蟹肉、龙虾及类似大甲壳类的头和胸腔肉）为0.5毫克/千克；双壳软体动物和无内脏的头足类动物镉限量为1.0毫克/千克。CAC食品中污染物和毒素通用标准规定双壳类软体动物（不包括牡蛎和扇贝）和去掉内脏的头足类动物中镉限量值为2.0毫克/千克；美国规定甲壳类和贝类中镉限量值分别为3.0毫克/千克和4.0毫克/千克；韩国规定所有软体贝类中镉限量值为2.0毫克/千克。

三、汞

世界卫生组织1972年建议，成人每周暂定容许汞摄入量不得超过0.3毫克（相当于5微克/千克体重），其中甲基汞摄入量不得超过每人每周0.2毫克（相当于3.3毫克/千克体重）。2003年，JECFA将甲基汞的PTWI值由3.3毫克/千克体重降至1.6毫克/千克体重。美国环境保护局（EPA）推荐汞的准许摄入量为0.1微克/(千克体重·天)，即0.7微克/(千克体重·周)。《鱼甲基汞指导值》(CAC/GL7—1991）规定了甲基汞的限量，其中食肉鱼（鲨鱼、旗鱼、金枪鱼、梭子鱼及其他鱼类）≤1.0毫克/千克，非食肉鱼≤0.5毫克/千克；FAO/WHO规定汞的限量为1毫克/千克；欧盟规定汞的饮食限量为0.5毫克/千克，(EC) No1881/2006规定水产品及鱼肉中汞的限量值为0.5毫克/千克；日本规定了水产品中总汞限量值为0.4毫克/千克，甲基汞限量值为0.3毫克/千克(此规定不适用于河川淡水鱼)；美国规定鱼类的甲基汞限量为1.0毫克/千克（湿重）；韩国规定鱼类总汞限量为0.5毫克/千克（深海鱼类、金枪鱼类及辐鳍类除外)，鱼类甲基汞限量为1.0毫克/千克（深海鱼类、金枪鱼类及辐鳍类)；瑞典规定水产品中汞小于1.0毫克/千克。

四、砷

目前，国际上均以无机砷的形式进行卫生学评价。FAO/WHO 1988年建议无机砷形式PTWI为0.015毫克/千克体重，以人体重60千克计，即每人每日的允许摄入量（ADI）为0.129毫克，是以前规定的总砷的1/25。英国、加拿大等国近年来也分别测定了本国食品中无机砷的人均摄入量，如英国人均每天摄入无机砷的总量为67微克，其中42微克来自鱼；加拿大人均每天摄入无机砷为38微克。欧盟限定水产品中总砷不得超过1毫克/千克；美国限定甲壳类和贝类中总砷分别不得超过76毫克/千克和86毫克/千克。

五、锡

锡是人类最早发现和应用的元素之一，近年来，人们对锡化合物的使用越来越广泛，主要应用于各种罐头食品的包装材料，即镀纯锡的低碳钢薄板，因此锡是罐头食品中必检的卫生指标之一。同时锡还是人体必需的几种微量元素之一，多数的锡及其无机化合物属于低毒物品。但是人们食入或者吸入过多，有可能出现头晕、腹泻、恶心、胸闷、呼吸急促和口干等不良症状，并且导致血清中钙含量降低，严重时还有可能引发胃肠炎。欧盟新法规（EC）No629/2008中各类食品锡限量为：二甲基锡0.5微克/千克、三甲基锡1.2微克/千克、一丁基锡1.5微克/千克、二丁基锡0.5微克/千克、三丁基锡0.6微克/千克、一苯基锡1.7微克/千克、二苯基锡0.8微克/千克、三苯基锡0.8微克/千克。

第三节 重金属检测方法

通常认可的重金属分析方法有：紫外-可见分光光度法（UV）、原子吸收光谱法（AAS）、原子荧光光谱法（AFS）、电化学法、X射线荧光光谱法（XRF）、电感耦合等离子体质谱法（ICP-MS）。除上述方法外，还引入了光谱法来进行检测，精密度更高，更为准确！

日本和欧盟国家有的采用电感耦合等离子体质谱法（ICP-MS）分析，但对国内用户而言，仪器成本高。也有的采用X射线荧光光谱法（XRF）分析，优点是无损检测，可直接分析成品，但检测精度和重复性不如光谱法。最新流行的检测方法——阳极溶出伏安法，检测速度快，数值准确，可用于现场等环境应急检测。

一、原子吸收光谱法

原子吸收光谱法（AAS）是20世纪50年代创立的一种新型仪器分析方法，它与主要用于无机元素定性分析的原子发射光谱法相辅相成，已成为对无机化合物进行元素定量分析的主要手段。

原子吸收分析过程如下：①将样品制成溶液（同时做空白）；②制备一系列已知浓度的分析元素的校正溶液（标样）；③依次测出空白及标样的相应值；④依据上述相应值绘出校正曲线；⑤测出未知样品的相应值；⑥依据校正曲线及未知样品的相应值得出样品的浓度值。

现在由于计算机技术、化学计量学的发展和多种新型元器件的出现，使原子吸收光谱仪的精密度、准确度和自动化程度大大提高。用微处理机控制的原子吸收光谱仪，简化了操作程序，节约了分析时间。现在已研制出气相色谱-原子吸收光谱（GC-AAS）的联用仪器，进一步拓展了原子吸收光谱法的应用领域。

二、紫外-可见分光光度法

紫外-可见分光光度法检测原理是：重金属与显色剂通常为有机化合物，可于重金属发生络合反应，生成有色分子团，溶液颜色深浅与浓度成正比。在特定波长下，比色检测。

分光光度分析有两种：一种是利用物质本身对紫外及可见光的吸收进行测定；另一种是生成有色化合物，即“显色”，然后测定。虽然不少无机离子在紫外和可见光区有吸收，但因一般强度较弱，所以直接用于定量分析的较少。加入显色剂使待测物质转化为在紫外和可见光区有吸收的化合物来进行光度测定，这是目前应用最广泛的测试手段。显色剂分为无机显色剂和有机显色剂，而以有机显色剂使用较多。大多数有机显色剂本身为有色化合物，与金属离子反应生成的化合物一般是稳定的螯合物。显色反应的选择性和灵敏度都较高。有些有色螯合物易溶于有机溶剂，可进行萃取浸提后比色检测。近年来，形成多元配合物的显色体系受到关注。多元配合物指三个或三个以上组分形成的配合物。利用多元配合物的形成可提高分光光度测定的灵敏度，改善分析特性。显色剂在前处理萃取和检测比色方面的选择和使用是近年来分光光度法的重要研究课题。

三、原子荧光光谱法

原子荧光光谱法（AFS）是通过测量待测元素的原子蒸气在特定频率辐射能激发所产生的荧光发射强度，以此来测定待测元素含量的方法。

原子荧光光谱法虽是一种发射光谱法，但它和原子吸收光谱法密切相关，兼有原子发射和原子吸收两种分析方法的优点，又克服了两种方法的不足。原子荧光光谱法具有发射谱线简单、灵敏度高于原子吸收光谱法、线性范围较宽、干扰少的特点，能够进行多元素同时测定。原子荧光光谱仪可用于分析汞、砷、锑、铋、硒、碲、铅、锡、锗、镉、锌等11种元素。现已广泛用环境监测、医药、地质、农业、饮用水等领域。在国标中，食品中砷、汞等元素的测定标准中已将原子荧光光谱法定为第一法。

气态自由原子吸收特征波长辐射后，原子的外层电子从基态或低能态会跃迁到高能态，同时发射出与原激发波长相同或不同的能量辐射，即原子荧光。原子荧光的发射强度 I_f 与原子化器中单位体积中该元素的基态原子数 N 成正比。当原子化效率和荧光量子效率固定时，原子荧光强度与试样浓度成正比。

现已研制出可对多元素同时测定的原子荧光光谱仪，它以多个高强度空心阴极灯为光源，以具有很高温度的电感耦合等离子体（ICP）作为原子化器，可使多种元素同时实现原子化。多元素分

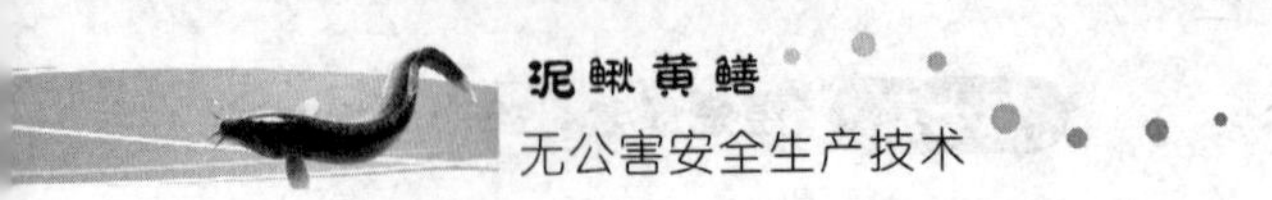

析系统以ICP原子化器为中心，在周围安装多个检测单元，与空心阴极灯一一成直角对应，产生的荧光用光电倍增管检测。光电转换后的电信号经放大后，经计算机处理获得各元素分析结果。

四、电化学法

电化学法是近年来发展较快的一种方法，它以经典极谱法为依托，在此基础上又衍生出示波极谱、阳极溶出伏安法等方法。电化学法的检测限较低，测试灵敏度较高，值得推广应用。如国标中铅的测定方法中的第五法和铬的测定方法的第二法均为示波极谱法。

阳极溶出伏安法是将恒电位电解富集与伏安法测定相结合的一种电化学分析方法。这种方法一次可连续测定多种金属离子，而且灵敏度很高，能测定$10^{-9}\sim10^{-7}$摩尔/升的金属离子。此法所用仪器比较简单，操作方便，是一种很好的痕量分析手段。我国已经颁布了适用于化学试剂中金属杂质测定的阳极溶出伏安法国家标准。

阳极溶出伏安法测定分两个步骤。第一步为“电析”，即在一个恒电位下，将被测离子电解沉积，富集在工作电极上与电极上汞生成汞齐。对给定的金属离子来说，如果搅拌速度恒定，预电解时间固定，则$m=Kc$，即电积的金属量与被测金属离子的浓度成正比。第二步为“溶出”，即在富集结束后，一般静止30秒或60秒后，在工作电极上施加一个反向电压，由负向正扫描，将汞齐中金属重新氧化为离子回归溶液中，产生氧化电流，记录电压-电流曲线，即伏安曲线。曲线呈峰形，峰值电流与溶液中被测离子的浓度成正比，可作为定量分析的依据，峰值电位可作为定性分析的依据。

示波极谱法又称“单扫描极谱分析法”。这是一种极谱分析新方法。它是一种快速加入电解电压的极谱法，常在滴汞电极每一汞滴成长后期，在电解池的两极上，迅速加入一锯齿形脉冲电压，在几秒钟内得出一次极谱图。为了快速记录极谱图，通常用示波管的荧光屏作显示工具，因此称为示波极谱法。其优点是：快速、灵敏。

五、X射线荧光光谱法

X射线荧光光谱法（XRF）是利用样品对X射线的吸收随样品中的成分及其多少变化而变化来定性或定量测定样品中成分的一种方法。它具有分析迅速、样品前处理简单、可分析元素范围广、谱线简单，光谱干扰少，试样形态多样性及测定时的非破坏性等特点。它不仅用于常量元素的定性分析和定量分析，而且也可进行微量元素的测定，其检出限多数可达10^{-6}。与分离、富集等手段相结合，可达10^{-8}。测量的元素范围包括周期表中从F到U的所有元素。多道分析仪，在几分钟之内可同时测定20多种元素的含量。

X射线荧光法不仅可以分析块状样品，还可对多层镀膜的各层镀膜分别进行成分和膜厚的分析。

当试样受到X射线、高能粒子束、紫外光等照射时，由于高能粒子或光子与试样原子碰撞，将原子内层电子逐出形成空穴，使原子处于激发态，这种激发态离子寿命很短，当外层电子向内层空穴跃迁时，多余的能量即以X射线的形式放出，并在外层产生新的空穴和产生新的X射线发射，这样便产生一系列的特征X射线。特征X射线是各种元素固有的，它与元素的原子系数有关。所以，只要测出了特征X射线的波长λ，就可以求出产生该波长的元素，即可进行定性分析。在样品组成均匀、表面光滑平整、元素间无相互激发的条件下，当用X射线（一次X射线）作激发原照射试样，使试样中元素产生特征X射线（荧光X射线）时，若元素和实验条件一样，荧光X射线强度与分析元素含量之间存在线性关系。根据谱线的强度可以进行定量分析。

六、电感耦合等离子体质谱法

电感耦合等离子体质谱法（ICP-MS）的检出限给人极深刻的印象，其溶液的检出限大部分为ppt级，实际的检出限不可能优于实验室的清洁条件。必须指出，ICP-MS的ppt级检出限是针对溶液中溶解物质很少的单纯溶液而言的，若涉及固体的检出限，由于

ICP-MS的耐盐量较差，ICP-MS检出限的优势会变差，一些普通的元素（如硫、钙、铁、钾、硒）在ICP-MS中有严重的干扰。

ICP-MS由作为离子源ICP焰炬、接口装置和作为检测器的质谱仪三部分组成。

ICP-MS所用电离源是感应耦合等离子体（ICP），其主体是一个由三层石英套管组成的炬管，炬管上端绕有负载线圈，三层管从里到外分别通载气、辅助气和冷却气，负载线圈由高频电源耦合供电，产生垂直于线圈平面的磁场。如果通过高频装置使氩气电离，则氩离子和电子在电磁场作用下又会与其他氩原子碰撞产生更多的离子和电子，形成涡流。强大的电流产生高温，瞬间使氩气形成温度可达10000开尔文的等离子焰炬。被分析样品通常以水溶液的气溶胶形式引入氩气流中，然后进入由射频能量激发的处于大气压下的氩等离子体中心区，等离子体的高温使样品去溶剂化、汽化解离和电离。部分等离子体经过不同的压力区进入真空系统，在真空系统内，正离子被拉出并按照其质荷比分离。在负载线圈上面约10毫米处，焰炬温度大约为8000开尔文，在这么高的温度下，电离能低于7电子伏的元素完全电离，电离能低于10.5电子伏的元素电离度大于20%。由于大部分重要的元素电离能都低于10.5电子伏，因此都有很高的灵敏度，少数电离能较高的元素（如碳、氧、氯、溴等）也能检测，只是灵敏度较低。

[1] 彭开松，余锐萍．淡水水产动物无公害生产与消费．北京：中国农业出版社，2003.
[2] 高志慧．黄鳝泥鳅养殖实用大全．北京：中国农业出版社，2004.
[3] 徐兴川．黄鳝泥鳅标准化养殖新技术．北京：中国农业出版社，2005.
[4] 徐在宽，潘建林．泥鳅黄鳝无公害养殖重点、难点与实例．北京：科学技术文献出版社，2005.
[5] 周天元，赵淑芬．泥鳅生态高效养殖技术．上海：上海科学技术出版社，2005.
[6] 曲景青．泥鳅养殖（第二版）．北京：科学技术文献出版社，2000.
[7] 周碧云，薛镇宇．黄鳝高效益养殖技术．北京：金盾出版社，1998.
[8] 徐在宽．黄鳝泥鳅饲料与病害防治专家谈．北京：科学技术文献出版社，2002.
[9] 王琦．黄鳝养殖与加工．北京：中国农业大学出版社，2002.
[10] 倪勇，朱成德．太湖鱼类志．上海：上海科学技术出版社，2005.
[11] 农业部《渔药手册》编撰委员会．渔药手册．北京：中国科学技术出版社，1998.
[12] 黄琪琰．水产动物疾病学．上海：上海科学技术出版社，1996.
[13] 金型理．泥鳅生物学的初步研究．湖南师范大学自然学报，1986，（2）：59-66.
[14] 雷逢玉．泥鳅繁殖和生长的研究．水生生物学报，1990，14（1）：60-67.
[15] 印杰，赵振山．泥鳅食性的初步研究．水利渔业，2000，20（5）：15-16.
[16] 王敏，王卫民．泥鳅和大鳞副泥鳅年龄与生长的比较研究．水利渔业，2001，21（1）：7-9.
[17] 柳富荣．泥鳅的集约化养殖技术．淡水渔业，2000，30（6）：23-25.
[18] 周元春．泥鳅稻田养殖技术．科学养鱼，2002，（9）：26-27.
[19] 杜忠臣．泥鳅人工繁殖及苗种培育技术．淡水渔业，2003，33（6）：57-58.

[20] 季东升．泥鳅常见疾病及防治方法．淡水渔业，2002，32（4）：59.
[21] 林启训，林静，庞杰．配合饲料对泥鳅鱼体营养成分的影响．福建农业大学学报，2001，30（2）：231-235.
[22] 王方雨，张世萍．黄鳝生物学研究进展．水利渔业，2004，24（6）：1-3.
[23] 肖亚梅．黄鳝繁殖生物学研究．湖南师范大学自然科学学报，1995，18（4）：45-51.
[24] 邴旭文．模仿自然繁殖条件下的黄鳝人工繁殖试验．水产学报，2005，29（2）：285-288.
[25] 邴旭文．黄鳝生态繁殖技术的研究．经济动物学报，2003，7（3）：46-48.
[26] 邴旭文．黄鳝的饵料驯化与网箱养殖技术．渔业现代化，2003，（5）：22-24.
[27] 王兴礼，公茂迎，郝纪伟．黄鳝稻田养殖新技术．科学养鱼，2001，（9）：31.
[28] 李建国．黄鳝的人工繁殖及苗种培育技术．科学养鱼，2001，（9）：20.
[29] 陈春才，熊文藻．网箱养殖黄鳝技术．科学养鱼，2001，（11）：25-26.
[30] 汪国坚．黄鳝工厂化养殖新技术．科学养鱼，2001，（7）：11.
[31] 邴旭文．江苏省黄鳝寄生虫感染的初步调查．中国兽医寄生虫病，2004，12（1）：59-61.
[32] 王兴礼．黄鳝常见的疾病及其防治．兽医临床，2004，（12）：36-37.
[33] 李桂芬，韩向敏．黄鳝的几种加工工艺．内陆水产，2004，（10）：23-24.
[34] 顾茂才，许丽．藕田套养泥鳅、黄鳝高效模式．农家致富，2009（16）：33.
[35] 马开栋．藕田养殖泥鳅技术．现代农业科技，2009，（15）：325.
[36] 张霞．黄鳝、泥鳅高产套养要点．渔业致富指南，2008，（23）：41.
[37] 江素芳，黄河泉，贾桂云．无公害藕池养殖泥鳅的方法．养殖技术顾问，2009，（6）：6.

化学工业出版社同类优秀图书推荐

ISBN	书名	定价/元
30845	小龙虾无公害安全生产技术	29.8
29631	淡水鱼无公害安全生产技术	39.8
29813	经济蛙类营养需求与饲料配制技术	29.8
28193	淡水虾类营养需求与饲料配制技术	28
29292	观赏鱼营养需求与饲料配制技术	38
26873	龟鳖营养需求与饲料配制技术	35
26429	河蟹营养需求与饲料配制技术	29.8
25846	冷水鱼营养需求与饲料配制技术	28
21171	小龙虾高效养殖与疾病防治技术	25
20094	龟鳖高效养殖与疾病防治技术	29.8
21490	淡水鱼高效养殖与疾病防治技术	29
20699	南美白对虾高效养殖与疾病防治技术	25
21172	鳜鱼高效养殖与疾病防治技术	25
20849	河蟹高效养殖与疾病防治技术	29.8
20398	泥鳅高效养殖与疾病防治技术	20
20149	黄鳝高效养殖与疾病防治技术	29.8
22152	黄鳝标准化生态养殖技术	29
22285	泥鳅标准化生态养殖技术	29
22144	小龙虾标准化生态养殖技术	29
22148	对虾标准化生态养殖技术	29
22186	河蟹标准化生态养殖技术	29
00216A	水产养殖致富宝典(套装共8册)	213.4

邮购地址：北京市东城区青年湖南街13号化学工业出版社（100011）
购书服务电话：010-64518888（销售中心）
如要出版新著，请与编辑联系。E-mail：qiyanp@126.com
如需更多图书信息，请登录 www.cip.com.cn